AF458245

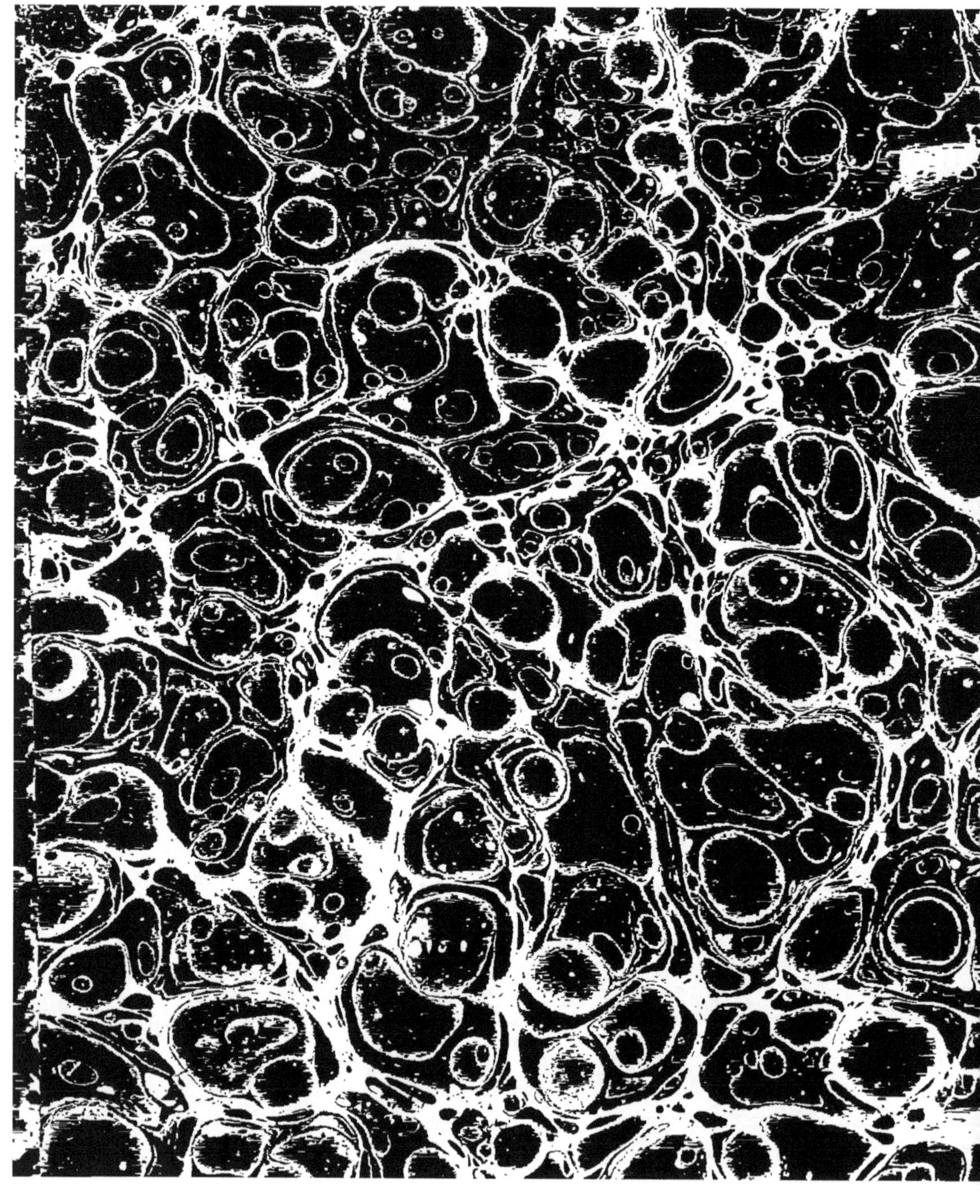

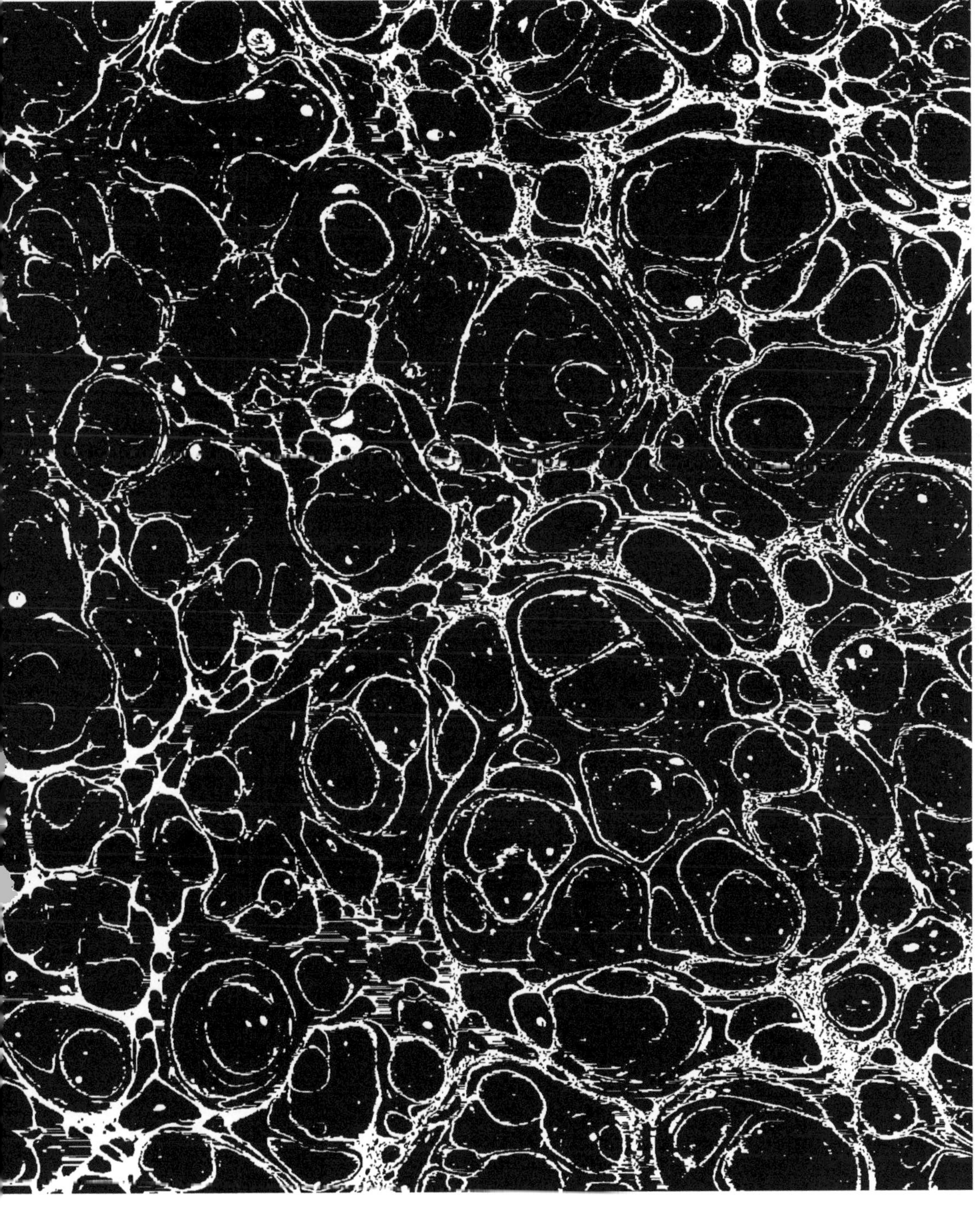

DISCOURS

SUR

LES RÉVOLUTIONS

DE LA SURFACE DU GLOBE.

EDMOND D'OCAGNE, ÉDITEUR.

Cosson, imprimeur de l'Académie royale de Médecine,
9, rue Saint-Germain-des-Prés.

DISCOURS

SUR

LES RÉVOLUTIONS

DE LA SURFACE DU GLOBE,

ET SUR LES CHANGEMENS QU'ELLES ONT PRODUITS DANS LE RÈGNE ANIMAL;

PAR

GEORGES CUVIER.

HUITIÈME ÉDITION.

PARIS.
H. COUSIN, RUE JACOB, 25.
AMSTERDAM.
VEUVE LEGRAS, IMBERT ET COMP.
1840.

AVERTISSEMENT

PLACÉ EN TÊTE

DE LA TROISIÈME ÉDITION (1).

Des traductions anglaises et allemandes de ce discours ayant paru séparément, quelques personnes ont désiré qu'il en fût aussi fait une édition française distincte du grand ouvrage auquel il sert d'introduction. En cédant à ce voeu, on a cherché à profiter des observations des différens éditeurs étrangers, et à suivre les progrès qu'a faits, depuis la publication de la dernière édition, une science cultivée aujourd'hui avec plus d'ardeur que jamais. Enfin on a cru devoir terminer cet écrit par une énumération sommaire des espèces d'animaux découvertes par l'auteur, et décrites dans le grand ou-

(1) 1 vol. in-8°, 1825 ; Paris, G. Dufour et Ed. d'Ocagne.

vrage, afin que les personnes qui n'ont pas le loisir d'approfondir entièrement ces matières difficiles puissent en prendre au moins une idée générale et apprécier les raisonnemens auxquels ces découvertes servent de base, et les conséquences importantes qui en résultent pour l'histoire de la terre et de l'homme.

P. S. (1) Depuis l'édition à laquelle se rapporte l'avertissement ci-dessus, il a été recueilli encore plusieurs espèces fossiles, et dans des positions diverses et remarquables. L'auteur a intercalé dans la présente édition, aux endroits convenables, celles de ces découvertes dont il a pu se faire des idées nettes ; il les reproduira en détail, ainsi que celles qu'il a faites lui-même, et il discutera toutes les hypothèses nouvelles auxquelles elles ont donné lieu, dans le volume de Supplément à son grand ouvrage qu'il se propose de faire paraître sous peu.

---

(1) Ce *post scriptum* a été ajouté par l'auteur en publiant la sixième édition, 1 vol. in-8°, 1830 ; Paris, G. Dufour et d'Ocagne.

DISCOURS

SUR

LES RÉVOLUTIONS

DE

LA SURFACE DU GLOBE,

ET SUR LES CHANGEMENS QU'ELLES ONT PRODUITS DANS LE RÈGNE ANIMAL.

Dans mon ouvrage sur les *Ossemens fossiles*, je me suis proposé de reconnaître à quels animaux appartiennent les débris osseux dont les couches superficielles du globe sont remplies. C'était chercher à parcourir une route où l'on n'avait encore hasardé que quelques pas. Antiquaire d'une espèce nouvelle, il me fallut apprendre à la fois à restaurer ces monumens des révolutions passées, et à en déchiffrer le sens; j'eus à recueillir et à rapprocher dans leur ordre primitif les fragmens dont ils se composent, à reconstruire les êtres antiques auxquels ces fragmens appartenaient, à les reproduire avec leurs proportions et leurs caractères; à les comparer enfin à ceux qui vivent aujourd'hui à la surface du globe : art presque inconnu, et qui supposait une science à peine effleurée auparavant, celle des lois qui président aux coexistences des formes des diverses parties dans les êtres organisés. Je dus donc me préparer à ces recherches par des recherches bien plus longues sur les animaux existans; une revue presque générale de la création actuelle pouvait seule donner un caractère de démonstration à mes résultats sur cette création ancienne; mais elle devait en même temps me donner un grand ensemble de règles et de rapports non moins démontrés, et le règne entier des animaux ne pouvait manquer de se trouver en quelque sorte soumis à des lois nouvelles, à l'occasion de cet essai sur une petite partie de la théorie de la terre.

Ainsi, j'étais soutenu dans ce double travail par l'intérêt égal qu'il promettait d'avoir, et pour la science générale de l'anatomie, base essentielle de toutes celles qui traitent des corps organisés, et pour l'histoire physique du globe, ce fondement de la minéralogie, de la géographie, et même, on peut le dire, de l'histoire des hommes, et de tout ce qu'il leur importe le plus de savoir relativement à eux-mêmes.

Si l'on met de l'intérêt à suivre dans l'enfance de notre espèce les traces presque effacées de tant de nations éteintes, comment n'en mettrait-on pas aussi à rechercher dans les ténèbres de l'enfance de la terre les traces de révolutions antérieures à l'existence de toutes les nations? Nous admirons la force par laquelle l'esprit humain a mesuré les mouvemens de globes que la nature semblait avoir soustraits pour jamais à notre vue; le génie et la science ont franchi les limites de l'espace; quelques observations développées par le raisonnement ont dévoilé le mécanisme du monde. N'y aurait-il pas aussi quelque gloire pour l'homme à savoir franchir les limites du temps, et à retrouver, au moyen de quelques observations, l'histoire de ce monde, et une succession d'événemens qui ont précédé la naissance du genre humain? Sans doute, les astronomes ont marché plus vite que les naturalistes, et l'époque où se trouve aujourd'hui la théorie de la terre, ressemble un peu à celle où quelques philosophes croyaient le ciel de pierres de taille, et la lune grande comme le Péloponnèse ; mais, après les Anaxagoras, il est venu des Copernic et des Kepler qui ont frayé la route à Newton; et pourquoi l'histoire naturelle n'aurait-elle pas aussi un jour son Newton ?

Exposition. C'est le plan et le résultat de mes travaux sur les os fossiles que je me propose surtout de présenter dans ce discours. J'essaierai aussi d'y tracer un tableau rapide des efforts tentés jusqu'à ce jour pour retrouver l'histoire des révolutions du globe. Les faits qu'il m'a été donné de découvrir, ne forment sans doute qu'une bien petite partie de ceux dont cette antique histoire devra se composer; mais plusieurs d'entre eux conduisent à des conséquences décisives, et la manière rigoureuse dont j'ai procédé à leur détermination, me donne lieu de croire qu'on les regardera comme des points définitivement fixés, et qui constitueront une époque dans la science. J'espère enfin que leur nouveauté m'excusera si je réclame pour eux l'attention principale de mes lecteurs.

Mon objet sera d'abord de montrer par quels rapports l'histoire des os fossiles d'animaux terrestres se lie à la théorie de la terre, et quels motifs lui donnent à cet égard une importance particulière. Je développerai ensuite les principes sur lesquels repose l'art de déterminer ces os, ou, en d'autres termes, de reconnaître un genre, et de distinguer une espèce par un seul fragment d'os, art de la certitude duquel dépend celle de tout mon travail. Je donnerai une indication rapide des espèces nouvelles, des genres auparavant inconnus que l'application de ces principes m'a fait découvrir, ainsi que des diverses sortes de terrains qui les recèlent; et, comme la différence entre ces espèces et celles d'aujourd'hui ne va pas au-delà de certaines limites, je montrerai que ces limites dépassent de beaucoup celles qui distinguent aujourd'hui les variétés d'une même espèce : je ferai donc connaître jusqu'où ces variétés peuvent aller, soit par l'influence du temps, soit par celle du climat, soit enfin par celle de la domesticité. Je me mettrai par là en état de conclure, et d'engager mes lecteurs à conclure avec moi, qu'il a fallu de grands événemens pour amener les différences bien plus considérables que j'ai reconnues : je développerai donc les modifications particulières que mes recherches doivent introduire dans les opinions reçues jusqu'à ce jour sur les révolutions du globe ; enfin j'examinerai jusqu'à quel point l'histoire civile et religieuse des peuples s'accorde avec les résultats de l'observation sur l'histoire physique de la terre, et avec les probabilités que ces observations donnent touchant l'époque où les sociétés humaines ont pu trouver des demeures fixes, et des champs susceptibles de culture, et où par conséquent elles ont pu prendre une forme durable.

Première apparence de la terre.

Lorsque le voyageur parcourt ces plaines fécondes où des eaux tranquilles entretiennent par leur cours régulier une végétation abondante, et dont le sol, foulé par un peuple nombreux, orné de villages florissans, de riches cités, de monumens superbes, n'est jamais troublé que par les ravages de la guerre ou par l'oppression des hommes en pouvoir, il n'est pas tenté de croire que la nature ait eu aussi ses guerres intestines, et que la surface du globe ait été bouleversée par des révolutions et des catastrophes ; mais ses idées changent dès qu'il cherche à creuser ce sol aujourd'hui si paisible, ou qu'il s'élève aux collines qui bordent la plaine ; elles se développent pour ainsi dire avec sa vue, elles commencent à embrasser l'étendue et la grandeur de ces événemens antiques dès qu'il gravit les chaînes plus élevées, dont ces collines couvrent le pied, ou qu'en suivant les lits des torrens qui descendent de ces chaînes, il pénètre dans leur intérieur.

Premières preuves de révolutions.

Les terrains les plus bas, les plus unis, ne nous montrent, même lorsque nous y creusons à de très-grandes profondeurs, que des couches horizontales de matières plus ou moins variées, qui enveloppent presque toutes d'innombrables produits de la mer. Des couches pareilles, des produits semblables, composent les collines jusqu'à d'assez grandes hauteurs. Quelquefois les coquilles sont si nombreuses qu'elles forment à elles seules toute la masse du sol : elles s'élèvent à des hauteurs supérieures au niveau de toutes les mers, et où nulle mer ne pourrait être portée aujourd'hui par des causes existantes : elles ne sont pas seulement enveloppées dans des sables mobiles, mais les pierres les plus dures les incrustent souvent, et en sont pénétrées de toute part. Toutes les parties du monde, tous les hémisphères, tous les continens, toutes les îles un peu considérables présentent le même phénomène. Le temps n'est plus où l'ignorance pouvait soutenir que ces restes de corps organisés étaient de simples jeux de la nature, des produits conçus dans le sein de la terre par ses forces créatrices; et les efforts que renouvellent quelques métaphysiciens ne suffiront probablement pas pour rendre de la faveur à ces vieilles opinions. Une comparaison scrupuleuse des formes de ces dépouilles, de leur tissu, souvent même de leur composition chimique, ne montre pas la moindre différence entre les coquilles fossiles, et celles que la mer nourrit : leur conservation n'est pas moins parfaite ; l'on n'y observe le plus souvent ni détrition ni ruptures, rien qui annonce un transport violent ; les plus petites d'entre elles gardent leurs parties les plus délicates, leurs crêtes les plus subtiles, leurs pointes les plus déliées ; ainsi non seulement elles ont vécu dans la mer, elles ont été déposées par la mer ; c'est la mer qui les a laissées dans des lieux où on les trouve : mais cette mer a séjourné dans ces lieux ; elle y a séjourné assez long-temps et assez paisiblement pour y former les dépôts si réguliers, si épais, si vastes, et en partie si solides que remplissent ces dépouilles d'animaux aquatiques. Le bassin des mers a donc éprouvé au moins un changement, soit en étendue, soit en situation. Voilà ce qui résulte déjà des premières fouilles et de l'observation la plus superficielle.

Les traces de révolutions deviennent plus imposantes quand on s'élève un peu plus haut, quand on se rapproche davantage du pied des grandes chaînes.

Il y a bien encore des bancs coquilliers ; on en aperçoit même de plus épais, de plus solides : les coquilles y sont tout aussi nombreuses, tout aussi bien conservées ; mais ce ne sont plus les mêmes espèces ; les couches qui les contiennent ne sont plus aussi généralement horizontales ; elles se redressent obliquement, quelquefois presque verticalement : au lieu que, dans les plaines et les collines plates, il fallait creuser profondément pour connaître la succession des bancs, on les voit ici par leur flanc, en suivant les vallées produites par leurs déchiremens : d'immenses amas de leurs débris forment au pied de leurs escarpemens des buttes arrondies, dont chaque dégel et chaque orage augmentent la hauteur.

Et ces bancs redressés qui forment les crêtes des montagnes secondaires ne sont pas posés sur les bancs horizontaux des collines qui leur servent de premiers échelons ; ils s'enfoncent au contraire sous eux. Ces collines sont appuyées sur leurs pentes. Quand on perce les couches horizontales dans le voisinage des montagnes à couches obliques, on retrouve ces couches obliques dans la profondeur : quelquefois même, quand les couches obliques ne sont pas trop élevées, leur sommet est couronné par des couches horizontales. Les couches obliques sont donc plus anciennes que les couches horizontales ; et comme il est impossible, du moins pour le plus grand nombre, qu'elles n'aient pas été formées horizontalement, il est évident qu'elles ont été relevées, qu'elles l'ont été avant que les autres s'appuyassent sur elles (1).

(1) L'idée soutenue par quelques géologistes, que certaines couches ont été formées dans la position oblique où elles se trouvent maintenant, en la supposant vraie

Un ingénieux géologiste vient même de prouver qu'il n'est pas impossible de fixer les époques relatives de chacun de ces relèvemens des couches obliques d'après la nature et l'ancienneté des couches horizontales qui s'appuient sur elles (1).

Ainsi la mer, avant de former les couches horizontales, en avait formé d'autres que des causes quelconques avaient brisées, redressées, bouleversées de mille manières ; et, comme plusieurs de ces bancs obliques qu'elle avait formés plus anciennement s'élèvent plus haut que ces couches horizontales qui leur ont succédé, et qui les entourent, les causes qui ont donné à ces bancs leur obliquité les avaient aussi fait saillir

---

pour quelques unes qui se seraient cristallisées, ainsi que le dit M. Greenough, comme les dépôts qui incrustent tout l'intérieur des vases où l'on fait bouillir des eaux gypseuses, ne peut du moins s'appliquer à celles qui contiennent des coquilles ou des pierres roulées, qui n'auraient pu attendre, ainsi suspendues, la formation du ciment qui devait les agglutiner.

(1) Voyez l'excellent Mémoire de M. *Élie de Beaumont*, dans les Annales des sciences naturelles de septembre 1829, et livraisons suivantes.

au dessus du niveau de la mer, et en avaient fait des îles, ou au moins des écueils et des inégalités, soit qu'ils eussent été relevés par une extrémité, ou que l'affaissement de l'extrémité opposée eût fait baisser les eaux; second résultat non moins clair, non moins démontré que le premier, pour quiconque se donnera la peine d'étudier les monumens qui l'appuient.

Preuves que ces révolutions ont été nombreuses.

Mais ce n'est point à ce bouleversement des couches anciennes, à ce retrait de la mer après la formation des couches nouvelles, que se bornent les révolutions et les changemens auxquels est dû l'état actuel de la terre.

Quand on compare entre elles, avec plus de détail, les diverses couches, et les produits de la vie qu'elles recèlent, on reconnaît bientôt que cette ancienne mer n'a pas déposé constamment des pierres semblables entre elles, ni des restes d'animaux de mêmes espèces, et que chacun de ses dépôts ne s'est pas étendu sur toute la surface qu'elle recouvrait. Il s'y est établi des variations successives dont les premières seules ont été à peu près générales, et dont les autres paraissent l'avoir été beaucoup moins. Plus les couches sont anciennes, plus chacune d'elles est uniforme dans une grande étendue ; plus elles sont nouvelles, plus elles sont limitées ; plus elles sont sujettes à varier à de petites distances. Ainsi les déplacemens des couches étaient accompagnés et suivis de changemens dans la nature du liquide et des matières qu'il tenait en dissolution ; et lorsque certaines couches, en se montrant au dessus des eaux, eurent divisé la surface des mers par des îles, par des chaînes saillantes, il put y avoir des changemens différens dans plusieurs des bassins particuliers.

On comprend qu'au milieu de telles variations dans la nature du liquide, les animaux qu'il nourrissait ne pouvaient demeurer les mêmes. Leurs espèces, leurs genres même, changeaient avec les couches ; et, quoiqu'il y ait quelques retours d'espèces à de petites distances, il est vrai de dire, en général, que les coquilles des couches anciennes ont des formes qui leur sont propres ; qu'elles disparaissent graduellement pour ne plus se montrer dans les couches récentes, encore moins dans les mers actuelles, où l'on ne découvre jamais leurs analogues d'espèce, où plusieurs de leurs genres eux-mêmes ne se retrouvent pas ;

que les coquilles des couches récentes au contraire, ressemblent, pour le genre, à celles qui vivent dans nos mers, et que dans les dernières et les plus meubles de ces couches, et dans certains dépôts récens et limités, il y a quelques espèces que l'œil le plus exercé ne pourrait distinguer de celles que nourrissent les côtes voisines.

Il y a donc eu dans la nature animale une succession de variations qui ont été occasionées par celles du liquide dans lequel les animaux vivaient ou qui du moins leur ont correspondu; et ces variations ont conduit par degrés les classes des animaux aquatiques à leur état actuel; enfin, lorsque la mer a quitté nos continens pour la dernière fois, ses habitans ne différaient pas beaucoup de ceux qu'elle alimente encore aujourd'hui.

Nous disons *pour la dernière fois*, parce que si l'on examine avec encore plus de soin ces débris des êtres organiques, on parvient à découvrir au milieu des couches marines, même les plus anciennes, des couches remplies de productions animales ou végétales de la terre et de l'eau douce; et, parmi les couches les plus récentes, c'est-à-dire les plus superficielles, il en est où des animaux terrestres sont ensevelis sous des amas de productions de la mer. Ainsi les diverses catastrophes qui ont remué les couches n'ont pas seulement fait sortir par degrés du sein de l'onde les diverses parties de nos continens et diminué le bassin des mers; mais ce bassin s'est déplacé en plusieurs sens. Il est arrivé plusieurs fois que des terrains mis à sec ont été recouverts par les eaux, soit qu'ils aient été abîmés ou que les eaux aient été seulement portées au dessus d'eux; et pour ce qui regarde particulièrement le sol que la mer a laissé libre dans sa dernière retraite, celui que l'homme et les animaux terrestres habitent maintenant, il avait déjà été desséché au moins une fois, peut-être plusieurs, et avait nourri alors des quadrupèdes, des oiseaux, des plantes et des productions terrestres de tous les genres; la mer qui l'a quitté l'avait donc auparavant envahi. Les changemens dans la hauteur des eaux n'ont donc pas consisté seulement dans une retraite plus ou moins graduelle, plus ou moins générale; il s'est fait diverses irruptions et retraites successives, dont le résultat définitif a été cependant une diminution universelle de niveau.

Preuves que ces révolutions ont été subites.

Mais, ce qu'il est aussi bien important de remarquer, ces irruptions, ces retraites répétées n'ont point toutes été lentes, ne se sont point toutes faites par degrés; au contraire, la plupart des catastrophes qui les ont amenées ont été subites; et cela est surtout facile à prouver pour la dernière de ces catastrophes; pour celle qui par un double mouvement a inondé et ensuite remis à sec nos continens actuels, ou du moins une grande partie du sol qui les forme aujourd'hui. Elle a laissé encore, dans les pays du Nord, des cadavres de grands quadrupèdes que la glace a saisis, et qui se sont conservés jusqu'à nos jours avec leur peau, leur poil et leur chair. S'ils n'eussent été gelés aussitôt que tués, la putréfaction les aurait décomposés. Et d'un autre côté, cette gelée éternelle n'occupait pas auparavant les lieux où ils ont été saisis; car ils n'auraient pas pu vivre sous une pareille température. C'est donc le même instant qui a fait périr les animaux, et qui a rendu glacial le pays qu'ils habitaient. Cet événement a été subit, instantané, sans aucune gradation, et ce qui est si clairement démontré pour cette dernière catastrophe ne l'est guère moins pour celles qui l'ont précédée. Les déchiremens, les redressemens, les renversemens des couches plus anciennes ne laissent pas douter que des causes subites et violentes ne les aient mises en l'état où nous les voyons ; et même la force des mouvemens qu'éprouva la masse des eaux est encore attestée par les amas de débris et de cailloux roulés qui s'interposent en beaucoup d'endroits entre les couches solides. La vie a donc souvent été troublée sur cette terre par des événemens effroyables. Des êtres vivans sans nombre ont été victimes de ces catastrophes : les uns habitans de la terre sèche se sont vus engloutis par des déluges ; les autres, qui peuplaient le sein des eaux, ont été mis à sec avec le fond des mers subitement relevé ; leurs races mêmes ont fini pour jamais et ne laissent dans le monde que quelques débris à peine reconnaissables pour le naturaliste.

Telles sont les conséquences où conduisent nécessairement les objets que nous rencontrons à chaque pas, que nous pouvons vérifier à chaque instant, presque dans tous les pays. Ces grands et terribles événemens sont clairement empreints partout pour l'œil qui sait en lire l'histoire dans leurs monumens.

Mais ce qui étonne davantage encore, et ce qui n'est pas moins certain, c'est que la vie n'a pas toujours existé sur le globe, et qu'il est facile à l'observateur de reconnaître le point où elle a commencé à déposer ses produits.

Preuves qu'il y a eu des révolutions antérieures à l'existence des êtres vivans.

Élevons-nous encore ; avançons vers les grandes crêtes, vers les sommets escarpés des grandes chaînes : bientôt ces débris d'animaux marins, ces innombrables coquilles deviendront plus rares et disparaîtront tout-à-fait ; nous arriverons à des couches d'une autre nature, qui ne contiendront point de vestiges d'êtres vivans. Cependant elles montreront par leur cristallisation, et par leur stratification même, qu'elles étaient aussi dans un état liquide quand elles se sont formées ; par leur situation oblique, par leurs escarpemens, qu'elles ont aussi été bouleversées ; par la manière dont elles s'enfoncent obliquement sous les couches coquillières, qu'elles ont été formées avant elles ; enfin, par la hauteur dont leurs pics hérissés et nus s'élèvent au dessus de toutes ces couches coquillières, que ces sommets étaient déjà sortis des eaux quand les couches coquillières se sont formées.

Telles sont ces fameuses montagnes primitives ou primordiales qui traversent nos continens en différentes directions, s'élèvent au dessus des nuages, séparent les bassins des fleuves, tiennent dans leurs neiges perpétuelles les réservoirs qui en alimentent les sources, et forment en quelque sorte le squelette et comme la grosse charpente de la terre.

D'une grande distance l'œil aperçoit dans les dentelures dont leur crête est déchirée, dans les pics aigus qui la hérissent, des signes de la manière violente dont elles ont été élevés : bien différentes de ces montagnes arrondies, de ces collines à longues surfaces plates, dont la masse récente est toujours demeurée dans la situation où elle avait été tranquillement déposée par les dernières mers.

Ces signes deviennent plus manifestes à mesure que l'on approche.

Les vallées n'ont plus ces flancs en pente douce, ces angles saillans, et rentrans vis-à-vis l'un de l'autre, qui semblent indiquer les lits de quelques anciens courans : elles s'élargissent et se rétrécissent sans aucune règle ; leurs eaux tantôt s'étendent en lacs, tantôt se précipitent en torrens; quelquefois leurs rochers, se rapprochant subitement, forment des digues transversales, d'où ces mêmes eaux tombent en cataractes. Les couches déchirées, en montrant d'un côté leur tranchant à pic, présentent de l'autre obliquement de grandes portions de leur surface : elles ne correspondent point pour leur hauteur ; mais celles qui, d'un côté, forment le sommet de l'escarpement, s'enfoncent de l'autre, et ne reparaissent plus.

Cependant, au milieu de tout ce désordre, de grands naturalistes sont parvenus à démontrer qu'il règne encore un certain ordre, et que ces bancs immenses, tout brisés et renversés qu'ils sont, observent entre eux une succession qui est à peu près la même dans toutes les grandes chaînes. Le granit, disent-ils, dont les crêtes centrales de la plupart de ces chaînes sont composées, le granit qui dépasse tout, est aussi la pierre qui s'enfonce sous toutes les autres, c'est la plus ancienne de celles qu'il nous ait été donné de voir dans la place que lui assigna la nature, soit qu'elle doive son origine à un liquide général, qui auparavant aurait tout tenu en dissolution ; soit qu'elle ait été la première fixée par le refroidissement d'une grande masse en fusion ou même en évaporation (1). Des roches feuilletées s'appuient sur ses flancs, et forment les crêtes latérales de ces grandes chaînes ; des schistes, des porphyres, des grès, des roches talqueuses se mêlent à leurs couches ; enfin des marbres à grains salins, et d'autres calcaires sans coquilles, s'appuyant sur les schistes, forment les crêtes extérieures, les échelons inférieurs, les contreforts de ces chaînes, et sont le dernier ouvrage par lequel ce liquide inconnu, cette mer sans habitans semblait préparer des matériaux aux mollusques et aux zoophytes, qui bientôt devaient déposer sur ce fonds d'immenses amas de leurs coquilles ou de leurs coraux. On voit même les

---

(1) La conjecture de M. le marquis de Laplace, que les matériaux dont se compose le globe ont pu être d'abord sous forme élastique, et avoir pris successivement en se refroidissant la consistance liquide, et enfin s'être solidifiés, est bien renforcée par les expériences récentes de M. Mitcherlich, qui a composé de toutes pièces et fait cristalliser par le feu des hauts fourneaux plusieurs des espèces minérales qui entrent dans la composition des montagnes primitives.

premiers produits de ces mollusques, de ces zoophytes, se montrant en petit nombre et de distance en distance, parmi les dernières couches de ces terrains primitifs ou dans cette portion de l'écorce du globe que les zoologistes ont nommée les terrains de transition. On y rencontre par-ci par-là des couches coquillières interposées entre quelques granits plus récens que les autres, parmi diverses schistes, et entre quelques derniers lits de marbres salins ; la vie qui voulait s'emparer de ce globe, semble dans ces premiers temps avoir lutté avec la nature inerte qui dominait auparavant ; ce n'est qu'après un temps assez long qu'elle a pris entièrement le dessus, qu'à elle seule a appartenu le droit de continuer et d'élever l'enveloppe solide de la terre.

Ainsi, on ne peut le nier : les masses qui forment aujourd'hui nos plus hautes montagnes ont été primitivement dans un état liquide ; long-temps après leur consolidation elles ont été recouvertes par des eaux qui n'alimentaient point de corps vivans ; ce n'est pas seulement après l'apparition de la vie qu'il s'est fait des changemens dans la nature des matières qui se déposaient : les masses formées auparavant ont varié, aussi bien que celles qui se sont formées depuis ; elles ont éprouvé de même des changemens violens dans leur position, et une partie de ces changemens avait eu lieu dès le temps où ces masses existaient seules, et n'étaient point recouvertes par les masses coquillières : on en a la preuve par les renversemens, par les déchiremens, par les fissures qui s'observent dans leurs couches, aussi bien que dans celles des terrains postérieurs, qui même y sont en plus grand nombre, et plus marqués.

Mais ces masses primitives ont encore éprouvé d'autres révolutions depuis la formation des terrains secondaires, et ont peut-être occasioné ou du moins partagé quelques unes de celles que ces terrains eux-mêmes ont éprouvées. Il y a en effet des portions considérables de terrains primitifs à nu, quoique dans une situation plus basse que beaucoup de terrains secondaires ; comment ceux-ci ne les auraient-ils pas recouvertes, si elles ne se fussent montrées depuis qu'ils se sont formés ? On trouve des blocs nombreux et volumineux de substances primitives, répandus en certains pays à la surface de terrains secondaires, séparés par des vallées profondes ou même par des bras de mer, des pics ou des crêtes d'où ces blocs peuvent être venus : il faut ou que des éruptions les y aient lancés, ou que les profondeurs qui eussent arrêté leur cours n'existassent pas à l'époque de leur transport, ou bien enfin que les mouvemens des eaux qui les ont transportés passassent en violence tout ce que nous pouvons imaginer aujourd'hui (1).

---

(1) Les voyages de Saussure et de Deluc présentent une foule de ces sortes de faits; et ce sont ces géologistes qui ont jugé qu'ils ne pouvaient guère avoir été produits que par d'énormes éruptions. MM. de Buch et Escher s'en sont occupés plus récemment. Le Mémoire de ce dernier, inséré dans la Nouvelle Alpina de Stein-Müller, tome Ier, en présente surtout l'ensemble d'une manière remarquable, dont voici à peu près le résumé : Ceux de ces blocs qui sont épars dans les parties basses de la Suisse ou de la Lombardie viennent des Alpes, et sont descendus le long de leurs vallées. Il y en a partout, et de toute grandeur, jusqu'à celle de cinquante mille pieds cubes, dans la grande étendue qui sépare les Alpes du Jura, et il s'en élève sur les pentes du Jura qui regardent les Alpes jusqu'à des hauteurs de quatre mille pieds au dessus du niveau de la mer; ils sont à la surface ou dans les couches superficielles de débris, mais non dans celles des grès, de mollasses ou de poudingues qui remplissent presque partout l'intervalle en question : on les trouve tantôt iso-

Voilà donc un ensemble de faits, une suite d'époques antérieures au temps présent, dont la succession peut se vérifier sans incertitude, quoique la durée de leurs intervalles ne puisse se définir

---

lés, tantôt en amas : la hauteur de leur situation est indépendante de leur grosseur : les petits seulement paraissent quelquefois un peu usés : les grands ne le sont point du tout. Ceux qui appartiennent au bassin de chaque rivière se sont trouvés, à l'examen, de la même nature que les montagnes des sommets ou des flancs des hautes vallées d'où naissent les affluens de cette rivière : on en voit déjà dans ces vallées, et ils y sont surtout accumulés aux endroits qui précèdent quelques rétrécissemens : il en a passé par dessus les cols lorsqu'ils n'avaient pas plus de quatre mille pieds ; et alors on en voit sur les revers des crêtes dans les cantons d'entre les Alpes et le Jura, et sur le Jura même : c'est vis-à-vis des débouchés des vallées des Alpes que l'on en voit le plus et de plus élevés : ceux des intervalles se sont portés moins haut : dans les chaînes du Jura, plus éloignées des Alpes, il ne s'en trouve qu'aux endroits placés vis-à-vis des ouvertures des chaînes plus rapprochées.

De ces faits, l'auteur tire cette conclusion, que le transport de ces blocs a eu lieu depuis que les grès et les poudingues ont été déposés ; qu'il a été occasioné peut-être par la dernière des révolutions du globe. Il compare ce transport à ce qui a encore lieu de la part des torrens ;

avec précision; ce sont autant de points qui servent de règle et de direction à cette antique chronologie.

Examen des causes qui agissent encore aujourd'hui à la surface du globe.

Examinons maintenant ce qui se passe aujourd'hui sur le globe, analysons les causes qui agissent encore à sa surface, et déterminons l'étendue possible de leurs effets. C'est une partie de l'histoire de la terre d'autant plus importante, que l'on a cru long-temps pouvoir expliquer, par ces causes actuelles, les révolutions antérieures, comme on explique aisément dans l'histoire politique les événemens passés, quand on connaît bien les passions et les intrigues de nos jours Mais nous allons voir que malheureusement il n'en est pas ainsi dans l'histoire physique : le fil des opérations est rompu ; la marche de la nature est changée ; et aucun des agens qu'elle emploie aujourd'hui ne lui aurait suffi pour produire ses anciens ouvrages.

---

mais l'objection de la grandeur des blocs et celle des vallées profondes par dessus lesquelles ils ont dû passer, nous paraissent conserver une grande force contre cette partie de son hypothèse.

Il existe maintenant quatre causes actives qu contribuent à altérer la surface de nos continens : les pluies et les dégels qui dégradent les montagnes escarpées, et en jettent les débris à leurs pieds ; les eaux courantes qui entraînent ces débris, et vont les déposer dans les lieux où leur cours se ralentit ; la mer qui sape le pied des côtes élevées, pour y former des falaises, et qui rejette sur les côtes basses des monticules de sables ; enfin les volcans qui percent les couches solides, et élèvent où répandent à la surface les amas de leurs déjections (1).

Éboulemens.

Partout où les couches brisées offrent leurs tranchans sur des faces abruptes, il tombe à leur pied à chaque printemps, et même à chaque orage, des fragmens de leurs matériaux, qui s'arrondissent en roulant les uns sur les autres, et dont l'amas prend une inclinaison déterminée par les lois

(1) Voyez, sur les changemens de la surface de la terre, connus par l'histoire ou par la tradition, et dus par conséquent aux causes actuellement agissantes, l'ouvrage allemand de M. de Hof, en deux vol. in-8°. Goth. 1822 et 1824. Les faits y sont recueillis avec autant de soin que d'érudition.

de la cohésion, pour former ainsi au pied de l'escarpement une croupe plus ou moins élevée, selon que les chutes de débris sont plus ou moins abondantes ; ces croupes forment les flancs des vallées dans toutes les hautes montagnes, et se couvrent d'une riche végétation quand les éboulemens supérieurs commencent à devenir moins fréquens, mais leur défaut de solidité les rend sujettes à s'ébouler elles-mêmes quand elles sont minées par les ruisseaux ; et c'est alors que des villes, que des cantons riches et peuplés se trouvent ensevelis sous la chute d'une montagne ; que le cours des rivières est intercepté ; qu'il se forme des lacs dans des lieux auparavant fertiles et rians. Mais ces grandes chutes heureusement sont rares , e la principale influence de ces collines de débris, c'est de fournir des matériaux pour les ravages des torrens.

Alluvions. Les eaux qui tombent sur les crêtes et les sommets des montagnes, ou les vapeurs qui s'y condensent, ou les neiges qui s'y liquéfient, descendent par une infinité de filets le long de leurs pentes ; elles en enlèvent quelques parcelles, et y tracent par leur passage des sillons légers.

Bientôt ces filets se réunissent dans les creux plus marqués dont la surface des montagnes est labourée ; ils s'écoulent par les vallées profondes qui en entament le pied, et vont former ainsi les rivières et les fleuves qui reportent à la mer les eaux que la mer avait données à l'atmosphère. A la fonte des neiges, ou lorsqu'il survient un orage, le volume de ces eaux des montagnes, subitement augmenté, se précipite avec une vitesse proportionnée aux pentes ; elles vont heurter avec violence le pied de ces croupes de débris qui couvrent les flancs de toutes les hautes vallées ; elles entraînent avec elles les fragmens déjà arrondis qui les composent ; elles les émoussent, les polissent encore par le frottement ; mais à mesure qu'elles arrivent à des vallées plus unies où leur chute diminue, ou dans des bassins plus larges où il leur est permis de s'épandre, elles jettent sur la plage les plus grosses de ces pierres qu'elles roulaient ; les débris plus petits sont déposés plus bas ; et il n'arrive guère au grand canal de la rivière que les parcelles les plus menues ou le limon le plus imperceptible. Souvent même le cours de ces eaux, avant de former le grand fleuve inférieur, est obligé de traverser un lac vaste et profond, où leur limon se dépose, et d'où elles ressortent limpides. Mais les fleuves inférieurs, et tous les ruisseaux qui naissent des montagnes plus basses, ou des collines, produisent aussi, dans les terrains qu'ils parcourent, des effets plus ou moins analogues à ceux des torrens des hautes montagnes. Lorsqu'ils sont gonflés par de grandes pluies, ils attaquent le pied des collines terreuses ou sableuses qu'ils rencontrent dans leurs cours, et en portent les débris sur les terrains bas qu'ils inondent, et que chaque inondation élève d'une quantité quelconque : enfin, lorsque les fleuves arrivent aux grands lacs ou à la mer, et que cette rapidité qui entraînait les parcelles de limon vient à cesser tout-à-fait, ces parcelles se déposent aux côtés de l'embouchure ; elles finissent par y former des terrains qui prolongent la côte ; et si cette côte est telle que la mer y jette de son côté du sable, et contribue à cet accroissement, il se crée ainsi des provinces, des royaumes entiers, ordinairement les plus fertiles, et bientôt les plus riches du monde, si les gouvernemens laissent l'industrie s'y exercer en paix.

Dunes. Les effets que la mer produit sans le concours

des fleuves sont beaucoup moins heureux. Lorsque la côte est basse et le fond sablonneux, les vagues poussent ce sable vers le bord ; à chaque reflux il s'en dessèche un peu, et le vent qui souffle presque toujours de la mer en jette sur la plage. Ainsi se forment les dunes, ces monticules sablonneux qui, si l'industrie de l'homme ne parvient à les fixer par des végétaux convenables, marchent lentement, mais invariablement, vers l'intérieur des terres, et y couvrent les champs et les habitations, parce que le même vent qui élève le sable du rivage sur la dune jette celui du sommet de la dune à son revers opposé à la mer : que si la nature du sable et celle de l'eau qui s'élève avec lui sont telles qu'il puisse s'en former un ciment durable ; les coquilles, les os jetés sur le rivage en seront incrustés ; les bois, les troncs d'arbres, les plantes qui croissent près de la mer seront saisis dans ces agrégats ; et ainsi naîtront ce que l'on pourra appeler des dunes durcies, comme on en voit sur les côtes de la Nouvelle-Hollande. On peut en prendre une idée nette dans la description qu'en a laissée feu Péron (1).

(1) Dans son Voyage aux Terres Australes, t. 1, p. 161.

Falaises. Quand, au contraire, la côte est élevée, la mer, qui n'y peut rien rejeter, y exerce une action destructive : ses vagues en rongent le pied et en escarpent toute la hauteur en falaise, parce que les parties plus hautes se trouvant sans appui tombent sans cesse dans l'eau ; elles y sont agitées dans les flots jusqu'à ce que les parcelles les plus molles et les plus déliées disparaissent. Les portions plus dures, à force d'être roulées en sens contraires par les vagues, forment ces galets arrondis, ou cette grève qui finit par s'accumuler assez pour servir de rempart au pied de la falaise.

Telle est l'action des eaux sur la terre ferme ; et l'on voit qu'elle ne consiste presque qu'en nivellemens, et en nivellemens qui ne sont pas indéfinis. Les débris des grandes crêtes charriés dans les vallons, leurs particules, celles des collines et des plaines, portées jusqu'à la mer ; des alluvions étendant les côtes aux dépens des hauteurs, sont des effets bornés auxquels la végétation met en général un terme, qui supposent d'ailleurs la préexistence des montagnes, celle des vallées, celle des plaines, en un mot toutes les inégalités du globe, et qui ne peuvent par conséquent avoir donné naissance à ces inégalités. Les dunes sont un phénomène plus limité encore, et pour la hauteur et pour l'étendue horizontale ; elles n'ont point de rapport avec ces énormes masses dont la géologie cherche l'origine.

Quant à l'action que les eaux exercent dans leur propre sein, quoiqu'on ne puisse la connaître aussi bien, il est possible cependant d'en déterminer jusqu'à un certain point les limites.

Les lacs, les étangs, les marais, les ports de mer où il tombe des ruisseaux, surtout quand ceux-ci descendent des coteaux voisins et escarpés, déposent sur leur fond des amas de limon qui finiraient par les combler si l'on ne prenait le soin de les nettoyer. La mer jette également dans les ports, dans les anses, dans tous les lieux où ses eaux sont plus tranquilles, des vases et des sédimens. Les courans amassent entre eux ou jettent sur leurs côtés le sable qu'ils arrachent au fond de la mer, et en composent des bancs et des bas-fonds. Dépôts sous les eaux.

Certaines eaux, après avoir dissous des substances calcaires au moyen de l'acide carbonique Stalactites.

surabondant dont elles sont inprégnées, les laissent cristalliser quand cet acide peut s'évaporer, et en forment des stalactites et d'autres concrétions. Il existe des couches cristallisées confusément dans l'eau douce, assez étendues pour être comparables à quelques unes de celles qu'a laissées l'ancienne mer. Tout le monde connaît les fameuses carrières de travertin des environs de Rome, et les roches de cette pierre que la rivière du Teverone accroît et fait sans cesse varier en figure. Ces deux sortes d'actions peuvent se combiner ; les dépôts accumulés par la mer peuvent être solidifiés par la stalactite : lorsque, par hasard, des sources abondantes en matière calcaire, ou contenant quelque autre substance en dissolution, viennent à tomber dans les lieux où ces amas se sont formés, il se montre alors des agrégats où les produits de la mer et ceux de l'eau douce peuvent être réunis. Tels sont les bancs de la Guadeloupe, qui offrent à la fois des coquilles de mer et de terre, et des squelettes humains. Telle est encore cette carrière d'auprès de Messine, décrite par de Saussure, et où le grès se reforme par les sables que la mer y jette, et qui s'y consolident.

Lithophytes.

Dans la zone torride, où les lithophytes sont nombreux en espèces et se propagent avec une grande force, leurs troncs pierreux s'entrelacent en rochers, en récifs, et, s'élevant jusqu'à fleur d'eau, ferment l'entrée des ports, tendent des piéges terribles aux navigateurs. La mer, jetant des sables et du limon sur le haut de ces écueils, en élève quelquefois la surface au dessus de son propre niveau, et en forme des îles plates qu'une riche végétation vient bientôt vivifier (1).

Incrustation.

Il est possible aussi que dans quelques endroits les animaux à coquillages laissent en mourant leurs dépouilles pierreuses, et que, liées par des vases plus ou moins concrètes, ou par d'autres cimens, elles forment des dépôts étendus ou des espèces de bancs coquilliers; mais nous n'avons aucune preuve que la mer puisse aujourd'hui incruster ces coquilles d'une pâte aussi compacte que les marbres, que les grès, ni

---

(1) Voyez les observations faites dans la mer du Sud, par R. Forster. Quelques uns pensent que ces îles de corail ont toujours un noyau d'une autre nature qui forme la plus grande masse de leur base.

même que le calcaire grossier dont nous voyons les coquilles de nos couches enveloppées. Encore moins trouvons-nous qu'elle précipite nulle part de ces couches plus solides, plus siliceuses qui ont précédé la formation des bancs coquilliers.

Enfin toutes ces causes réunies ne changeraient pas d'une quantité appréciable le niveau de la mer, ne releveraient pas une seule couche au dessus de ce niveau, et surtout ne produiraient pas le moindre monticule à la surface de la terre.

On a bien soutenu que la mer éprouve une diminution générale, et que l'on en a fait l'observation dans quelques lieux des bords de la Baltique (1). En d'autres endroits, comme l'Écosse

(1) C'est une opinion commune en Suède, que la mer s'abaisse, et qu'on passe à gué ou à pied sec dans beaucoup d'endroits où cela n'était pas possible autrefois. Des hommes très-savans ont partagé cette opinion du peuple; et M. de Buch l'adopte tellement, qu'il va jusqu'à supposer que le sol de toute la Suède s'élève petit à petit. Mais il est singulier que l'on n'ait pas fait ou du moins publié des observations suivies et précises propres à constater un fait mis en avant depuis si long-temps, et

et divers points de la Méditerranée, on croit avoir aperçu, au contraire, que la mer s'élève, et qu'elle y couvre aujourd'hui des plages autrefois supérieures à son niveau (1). Mais quelles que soient les causes de ces apparences, il est certain qu'elles n'ont rien de général; que dans le plus grand nombre des ports où l'on a tant d'intérêt à observer la hauteur de la mer, et où des ouvrages fixes et anciens donnent tant de moyens d'en mesurer les variations, son niveau moyen est constant; il n'y a point d'abaissement

---

qui ne laisserait lieu à aucun doute si, comme le dit Linnæus, cette différence de niveau allait à quatre et cinq pieds par an.

(1) M. Robert Stevenson, dans ses Observations sur le lit de la mer du Nord et de la Manche, soutient que le niveau de ces mers s'est élevé continuellement et très-sensiblement depuis trois siècles. Fortis dit la même chose de quelques lieux de la mer Adriatique; mais l'exemple du temple de Sérapis, près de Pouzzoles, prouve que les bords de cette mer sont en plusieurs endroits de nature à pouvoir s'élever et s'abaisser localement. On a en revanche des milliers de quais, de chemins, et d'autres constructions faites le long de la mer par les Romains, depuis Alexandrie jusqu'en Belgique, et dont le niveau relatif n'a pas varié.

universel ; il n'y a point d'empiétement général.

Volcans. L'action des volcans est plus bornée, plus locale encore que toutes celles dont nous venons de parler. Quoique nous n'ayons aucune idée nette des moyens par lesquels la nature entretient à de si grandes profondeurs ces violens foyers, nous jugeons clairement par leurs effets des changemens qu'ils peuvent avoir produits à la surface du globe. Lorsqu'un volcan se déclare, après quelques secousses, quelques tremblemens de terre, il se fait une ouverture. Des pierres, des cendres sont lancées au loin ; des laves sont vomies; leur partie la plus fluide s'écoule en longues traînées ; celle qui l'est moins s'arrête aux bords de l'ouverture, en élève le contour, y forme un cône terminé par un cratère. Ainsi les volcans accumulent sur la surface, après les avoir modifiées, des matières auparavant ensevelies dans la profondeur ; ils forment des montagnes ; ils en ont couvert autrefois quelques parties de nos continens ; ils ont fait naître subitement des îles au milieu des mers ; mais c'était toujours de laves que ces montagnes, ces îles étaient composées ; tous leurs matériaux avaient subi l'action du feu : ils sont disposés comme doivent l'être des matières qui ont coulé d'un point élevé. Les volcans n'élèvent donc ni ne culbutent les couches que traverse leur soupirail : et si quelques causes agissant de ces profondeurs ont contribué dans certains cas à soulever de grandes montagnes, ce ne sont pas des agens volcaniques tels qu'il en existe de nos jours.

Ainsi, nous le répétons, c'est en vain que l'on cherche, dans les forces qui agissent maintenant à la surface de la terre, des causes suffisantes pour produire les révolutions et les catastrophes dont son enveloppe nous montre les traces ; et, si l'on veut recourir aux forces extérieures constantes connues jusqu'à présent, l'on n'y trouve pas plus de ressources.

Causes astronomiques constantes.

Le pôle de la terre se meut dans un cercle autour du pôle de l'écliptique ; son axe s'incline plus ou moins sur le plan de cette même écliptique ; mais ces deux mouvemens, dont les causes sont aujourd'hui appréciées, s'exécutent dans des directions et des limites connues, et qui n'ont nulle proportion avec des effets tels que ceux dont nous venons de constater la grandeur.

Dans tous les cas, leur lenteur excessive empêcherait qu'ils ne pussent expliquer des catastrophes que nous venons de prouver avoir été subites.

Ce dernier raisonnement s'applique à toutes les actions lentes que l'on a imaginées, sans doute dans l'espoir qu'on ne pourrait en nier l'existence, parce qu'il serait toujours facile de soutenir que leur lenteur même les rend imperceptibles. Vraies ou non, peu importe; elles n'expliquent rien, puisque aucune cause lente ne peut avoir produit des effets subits. Y eût-il donc une diminution graduelle des eaux, la mer transportât-elle, dans tous les sens des matières solides, la température du globe diminuât ou augmentât-elle, ce n'est rien de tout cela qui a renversé nos couches, qui a revêtu de glace de grands quadrupèdes avec leur chair et leur peau, qui a mis à sec des coquillages aujourd'hui encore aussi bien conservés que si on les eût pêchés vivans, qui a détruit enfin des espèces et des genres entiers.

Ces argumens ont frappé le plus grand nombre des naturalistes, et, parmi ceux qui ont cherché à expliquer l'état actuel du globe, il n'en est presque aucun qui l'ait attribué en entier à des causes lentes, encore moins à des causes agissant sous nos yeux. Cette nécessité où ils se sont vus de chercher des causes différentes de celles que nous voyons agir aujourd'hui, est même ce qui leur a fait imaginer tant de suppositions extraordinaires, et les a fait errer et se perdre en tant de sens contraires, que le nom même de leur science, ainsi que je l'ai dit ailleurs, a été long-temps un sujet de moquerie (1) pour quelques personnes prévenues qui ne voyaient que les systèmes qu'elle a fait éclore, et qui oubliaient la longue et importante série des faits certains qu'elle a fait connaître.

Anciens systèmes des géologistes.

Pendant long-temps on n'admit que deux événemens, que deux époques de mutations sur le globe : la création et le déluge; et tous les efforts

(1) Lorsque j'ai dit cela, j'ai énoncé un fait dont on est chaque jour témoin; mais je n'ai pas prétendu exprimer ma propre opinion, comme des géologistes estimables ont paru le croire. Si quelque équivoque dans ma phrase a été la cause de leur erreur, je leur en fais ici mes excuses.

des géologistes tendirent à expliquer l'état actuel, en imaginant un certain état primitif, modifié ensuite par le déluge, dont chacun imaginait aussi à sa manière les causes, l'action et les effets.

Ainsi, selon l'un (1), la terre avait reçu d'abord une croûte égale et légère qui recouvrait l'abîme des mers, et qui se creva pour produire le déluge : ses débris formèrent les montagnes. Selon l'autre (2), le déluge fut occasioné par une suspension momentanée de la cohésion dans les minéraux : toute la masse du globe fut dissoute, et la pâte en fut pénétrée par les coquilles. Selon un troisième (3), Dieu souleva les montagnes pour faire écouler les eaux qui avaient produit le déluge, et les prit dans les endroits où il y avait le plus de pierres, parce qu'autrement elles n'auraient pu se soutenir. Un quatrième (4) créa la terre avec l'atmosphère d'une comète, et la fit inonder par la queue d'une autre : la chaleur qui

(1) Burnet. Telluris Theoria sacra. Lond. 1681.

(2) Woodward. Essay towards the natural history of the Earth. Lond. 1702.

(3) Scheuchzer. Mém. de l'Acad. 1708.

(4) Whiston. A new theory of the Earth. Lond. 1708.

lui restait de sa première origine fut ce qui excita tous les êtres vivans au péché ; aussi furent-ils tous noyés, excepté les poissons, qui avaient apparemment les passions moins vives.

On voit que, tout en se retranchant dans les limites fixées par la Genèse, les naturalistes se donnaient encore une carrière assez vaste : ils se trouvèrent bientôt à l'étroit ; et, quand ils eurent réussi à faire envisager les six jours de la création comme autant de périodes indéfinies, les siècles ne leur coûtant plus rien, leurs systèmes prirent un essor proportionné aux espaces dont ils purent disposer.

Le grand Leibnitz lui-même s'amusa à faire, comme Descartes, de la terre un soleil éteint (1), un globe vitrifié, sur lequel les vapeurs, étant retombées lors de son refroidissement, formèrent des mers qui déposèrent ensuite les terrains calcaires.

Demaillet couvrit le globe entier d'eau pendant des milliers d'années ; il fit retirer les eaux graduellement ; tous les animaux terrestres avaient d'abord été marins ; l'homme lui-même avait

(1) Leibnitz. Protogæa. Act. Lips. 1683 ; Gott. 1749.

commencé par être poisson; et l'auteur assure qu'il n'est pas rare de rencontrer dans l'Océan des poissons qui ne sont encore devenus hommes qu'à moitié, mais dont la race le deviendra tout-à-fait quelque jour (1).

Le système de Buffon n'est guère qu'un développement de celui de Leibnitz; avec l'addition seulement d'une comète qui a fait sortir du soleil, par un choc violent, la masse liquéfiée de la terre, en même temps que celle de toutes les planètes; d'où il résulte des dates positives : car, par la température actuelle de la terre, on peut savoir depuis combien de temps elle se refroidit; et, puisque les autres planètes sont sorties du soleil en même temps qu'elle, on peut calculer combien les grandes ont encore de siècles à refroidir, et jusqu'à quel point les petites sont déjà glacées (2).

Systèmes plus nouveaux.

De nos jours, des esprits plus libres que jamais ont aussi voulu s'exercer sur ce grand su-

---

(1) Telliamed. Amsterd. 1748.

(2) Théorie de la Terre, 1749; et Époques de la nature, 1775.

jet. Quelques écrivains ont reproduit et prodigieusement étendu les idées de Demaillet : ils disent que tout fut liquide dans l'origine ; que le liquide engendra des animaux d'abord très-simples, tels que des monades ou autres espèces infusoires et microscopiques ; que, par suite des temps, et en prenant des habitudes diverses, les races animales se compliquèrent et se diversifièrent au point où nous les voyons aujourd'hui. Ce sont toutes ces races d'animaux qui ont converti par degrés l'eau de la mer en terre calcaire; les végétaux, sur l'origine et les métamorphoses desquels on ne nous dit rien, ont converti de leur côté cette eau en argile ; mais ces deux terres, à force d'être dépouillées des caractères que la vie leur avait imprimés, se résolvent, en dernière analyse, en silice ; et voilà pourquoi les plus anciennes montagnes sont plus siliceuses que les autres. Toutes les parties solides de la terre doivent donc leur naissance à la vie, et sans la vie le globe serait entièrement liquide (1).

---

(1) Voyez la Physique de Rodig, page 106, Leipsig, 1801 ; et la page 169 du deuxième tome de Telliamed, ainsi qu'une infinité de nouveaux ouvrages allemands.

D'autres écrivains ont donné la préférence aux idées de Képler : comme ce grand astronome, ils accordent au globe lui-même les facultés vitales ; un fluide, selon eux, y circule ; une assimilation s'y fait aussi bien que dans les corps animés ; chacune de ses parties est vivante ; il n'est pas jusqu'aux molécules les plus élémentaires qui n'aient un instinct, une volonté ; qui ne s'attirent et ne se repoussent d'après des antipathies et des sympathies : chaque sorte de minéral peut convertir des masses immenses en sa propre nature, comme nous convertissons nos alimens en chair et en sang ; les montagnes sont les organes de la respiration du globe, et les schistes ses organes sécrétoires ; c'est par ceux-ci qu'il décompose l'eau de la mer pour engendrer les déjections volcaniques ; les filons enfin sont des caries, des abcès du règne minéral, et les métaux un produit de pourriture et de maladie :

M. de Lamarck est celui qui a développé dans ces derniers temps ce système en France avec le plus de suite dans son Hydrogéologie et dans sa Philosophie zoologique.

voilà pourquoi ils sentent presque tous mauvais (1).

Plus nouvellement encore, une philosophie qui substitue des métaphores aux raisonnemens, partant du système de l'identité absolue ou du panthéisme, fait naître tous les phénomènes ou, ce qui est à ses yeux la même chose, tous les êtres, par polarisation comme les deux électricités, et appelant polarisation toute opposition, toute différence, soit qu'on la prenne de la situation, de la nature, ou des fonctions, elle voit successivement s'opposer Dieu et le monde ; dans le monde le soleil et les planètes ; dans chaque planète le solide et le liquide ; et poursuivant cette marche, changeant au besoin ses figures et ses allégories, elle arrive jusqu'aux derniers détails des espèces organisées (2).

Il faut convenir cependant que nous avons

---

(1) Feu M. Patrin a mis beaucoup d'esprit à soutenir ces idées fantastiques dans plusieurs articles du Nouveau Dictionnaire d'Histoire naturelle.

(2) C'est surtout dans les ouvrages de M. Steffens et de M. Oken qu'il faut voir cette application du panthéisme à la géologie.

choisi là des exemples extrêmes, et que tous les géologistes n'ont pas porté la hardiesse des conceptions aussi loin que ceux que nous venons de citer ; mais, parmi ceux qui ont procédé avec plus de réserve, et qui n'ont point cherché leurs moyens hors de la physique ou de la chimie ordinaire, combien ne règne-t-il pas encore de diversité et de contradiction !

Divergences de tous les systèmes.

Chez l'un tout s'est précipité successivement par cristallisation, tout s'est déposé à peu près comme il l'est encore ; mais la mer, qui couvrait tout, s'est retirée par degrés (1).

Chez l'autre, les matériaux des montagnes sont sans cesse dégradés et entraînés par les rivières pour aller au fond des mers se faire échauffer sous une énorme pression, et former des couches que la chaleur qui les durcit relevera un jour avec violence (2).

Un troisième suppose le liquide divisé en une

---

(1) M. Delamétherie admet la cristallisation comme cause principale dans sa Géologie.

(2) Hutton et Playfair : Illustrations of the Huttonian theory of the Earth. Edimb. 1802.

multitude de lacs placés en amphithéâtre les uns au dessus des autres, qui, après avoir déposé nos couches coquillières, ont rompu successivement leurs digues pour aller remplir le bassin de l'Océan (1).

Chez un quatrième, des marées de sept à huit cents toises ont au contraire emporté de temps en temps le fond des mers, et l'ont jeté en montagnes et en collines dans les vallées, ou sur les plaines primitives du continent (2).

Un cinquième fait tomber successivement du ciel, comme les pierres météoriques, les divers fragmens dont la terre se compose, et qui portent dans les êtres inconnus dont ils recèlent les dépouilles l'empreinte de leur origine étrangère (3).

Un sixième fait le globe creux, et y place un noyau d'aimant qui se transporte, au gré des co-

---

(1) Lamanon, en divers endroits du Journal de Physique, d'après Michaëlis et plusieurs autres.

(2) Dolomieu, *ibid.*

(3) MM. de Marschall : Recherches sur l'origine et le développement de l'ordre actuel du Monde. Giessen, 1802.

mètes, d'un pôle à l'autre, entraînant avec lui le centre de gravité et la masse des mers, et noyant ainsi alternativement les deux hémisphères (1).

Nous pourrions citer encore vingt autres systèmes tout aussi divergens que ceux-là : et, que l'on ne s'y trompe pas, notre intention n'est pas d'en critiquer les auteurs : au contraire, nous reconnaissons que ces idées ont généralement été conçues par des hommes d'esprit et de savoir, qui n'ignoraient point les faits, dont plusieurs même avaient voyagé long-temps dans l'intention de les examiner, et qui en ont procuré de nombreux et d'importans à la science.

Causes de ces divergences.

D'où peut donc venir une pareille opposition dans les solutions d'hommes qui partent des mêmes principes pour résoudre le même problème ?

Ne serait-ce point que les conditions du problème n'ont jamais été toutes prises en considération ; ce qui l'a fait rester, jusqu'à ce jour, indéterminé et susceptible de plusieurs solutions,

(1) M. Bertrand : Renouvellement périodique des Continens terrestres, Hambourg, 1799.

toutes également bonnes quand on fait abstraction de telle ou telle condition ; toutes également mauvaises, quand une nouvelle condition vient à se faire connaître, ou que l'attention se reporte vers quelque condition connue, mais négligée ?

Nature et conditions du problème.

Pour quitter ce langage mathématique, nous dirons que presque tous les auteurs de ces systèmes, n'ayant eu égard qu'à certaines difficultés qui les frappaient plus que d'autres, se sont attachés à résoudre celles-là d'une manière plus ou moins plausible, et en ont laissé de côté d'aussi nombreuses, d'aussi importantes. Tel n'a vu, par exemple, que la difficulté de faire changer le niveau des mers ; tel autre, que celle de faire dissoudre toutes les substances terrestres dans un seul et même liquide ; tel autre enfin, que celle de faire vivre sous la zone glaciale des animaux qu'il croyait de la zone torride. Épuisant sur ces questions les forces de leur esprit, ils croyaient avoir tout fait en imaginant un moyen quelconque d'y répondre : il y a plus, en négligeant ainsi tous les autres phénomènes, ils ne songeaient pas même toujours à déterminer avec précision la mesure et les limites de ceux qu'ils cherchaient à expliquer.

Cela est vrai surtout pour les terrains secondaires, qui forment cependant la partie la plus importante et la plus difficile du problème. Pendant long-temps on ne s'est occupé que bien faiblement de fixer les superpositions de leurs couches, et les rapports de ces couches avec les espèces d'animaux et de plantes dont elles renferment les restes.

Y a-t-il des animaux, des plantes propres à certaines couches, et qui ne se trouvent pas dans les autres ? Quelles sont les espèces qui paraissent les premières, ou celles qui viennent après ? Ces deux sortes d'espèces s'accompagnent-elles quelquefois ? Y a-t-il des alternatives dans leur retour ; ou, en d'autres termes, les premières reviennent-elles une seconde fois, et alors les secondes disparaissent-elles ? Ces animaux, ces plantes, ont-ils tous vécu dans les lieux où l'on trouve leurs dépouilles, ou bien y en a-t-il qui y aient été transportés d'ailleurs ? Vivent-ils encore tous aujourd'hui quelque part, ou bien ont-ils été détruits en tout ou en partie ? Y a-t-il un rapport constant entre l'ancienneté des couches et la ressemblance ou la non-ressemblance des fossiles avec les êtres vivans ? Y en a-t-il un de climat entre les fossiles et ceux des êtres vivans qui leur ressemblent le plus? Peut-on en conclure que les transports de ces êtres, s'il y en a eu, se soient faits du nord au sud, ou de l'est à l'ouest, ou par irradiation et mélange, et peut-on distinguer les époques de ces transports par les couches qui en portent les empreintes?

Que dire sur les causes de l'état actuel du globe, si l'on ne peut répondre à ces questions, si l'on n'a pas encore de motifs suffisans pour choisir entre l'affirmative ou la négative? Or, il n'est que trop vrai que pendant long-temps aucun de ces points n'a été mis absolument hors de doute, qu'à peine même semblait-on avoir songé qu'il fût bon de les éclaircir avant de faire un système.

Raison pour laquelle les conditions ont été négligées.

On trouvera la raison de cette singularité si l'on réfléchit que les géologistes ont tous été, ou des naturalistes de cabinet qui avaient peu examiné par eux-mêmes la structure des montagnes, ou des minéralogistes qui n'avaient pas étudié avec assez de détail les innombrables variétés des animaux, et la complication infinie de leurs diverses parties. Les premiers n'ont fait que des systèmes; les derniers ont donné d'excellentes observations ; ils ont véritab'ement posé les bases de la science, mais ils n'ont pu en achever l'édifice.

Progrès de la géologie minérale.

En effet, la partie purement minérale du grand problème de la théorie de la terre a été étudiée avec un soin admirable par de Saussure, et portée depuis à un développement étonnant par Werner, et par les nombreux et savans élèves qu'il a formés.

Le premier de ces hommes célèbres, parcourant péniblement pendant vingt années les cantons les plus inaccessibles, attaquant en quelque sorte les Alpes par toutes leurs faces, par tous leurs défilés, nous a dévoilé tout le désordre des terrains primitifs et a tracé plus nettement la limite qui les distingue des terrains secondaires. Le second, profitant des nombreuses excavations faites dans le pays qui possède les plus anciennes mines, a fixé les lois de la succession des couches ; il a montré leur ancienneté respective et poursuivi chacune d'elles dans toutes ses métamorphoses. C'est de lui, et de lui seulement, que datera la géologie positive, en ce qui concerne la nature minérale des couches ; mais ni

Werner ni de Saussure n'ont donné à la détermination des espèces organisées fossiles, dans chaque genre de couche, la rigueur devenue nécessaire depuis que les animaux connus s'élèvent à un nombre si prodigieux.

D'autres savans étudiaient, à la vérité, les débris fossiles des corps organisés; ils en recueillaient et en faisaient représenter par milliers; leurs ouvrages seront des collections précieuses de matériaux; mais, plus occupés des animaux ou des plantes, considérés comme tels, que de la théorie de la terre, ou regardant ces pétrifications comme des curiosités plutôt que comme des documens historiques, ou bien enfin se contentant d'explications partielles sur le gisement de chaque morceau, ils ont presque toujours négligé de rechercher les lois générales de position ou de rapport des fossiles avec les couches.

Importance des fossiles en géologie.

Cependant l'idée de cette recherche était bien naturelle. Comment ne voyait-on pas que c'est aux fossiles seuls qu'est due la naissance de la théorie de la terre; que, sans eux, l'on n'aurait peut-être jamais songé qu'il y ait eu dans la formation du globe des époques successives et une série d'opérations différentes? Eux seuls, en effet, donnent la certitude que le globe n'a pas toujours eu la même enveloppe, par la certitude où l'on est qu'ils ont dû vivre à la surface avant d'être ainsi ensevelis dans la profondeur. Ce n'est que par analogie que l'on a étendu aux terrains primitifs la conclusion que les fossiles fournissent directement pour les terrains secondaires; et, s'il n'y avait que des terrains sans fossiles, personne ne pourrait soutenir que ces terrains n'ont pas été formés tous ensemble.

C'est encore par les fossiles, toute légère qu'est restée leur connaissance, que nous avons reconnu le peu que nous savons sur la nature des révolutions du globe. Ils nous ont appris que les couches qui les recèlent ont été déposées paisiblement dans un liquide; que leurs variations ont correspondu à celles du liquide; que leur mise à nu a été occasionée par le transport de ce liquide; que cette mise à nu a eu lieu plus d'une fois : rien de tout cela ne serait certain sans les fossiles.

L'étude de la partie minérale de la géologie, qui n'est pas moins nécessaire, qui même est pour les arts pratiques d'une utilité beaucoup plus grande, est cependant beaucoup moins instructive par rapport à l'objet dont il s'agit.

Nous sommes dans l'ignorance la plus absolue sur les causes qui ont pu faire varier les substances dont les couches se composent ; nous ne connaissons pas même les agens qui ont pu tenir certaines d'entre elles en dissolution ; et l'on dispute encore sur plusieurs si elles doivent leur origine à l'eau ou au feu. Au fond l'on a pu voir ci-devant que l'on n'est d'accord que sur un seul point, savoir : que la mer a changé de place. Et comment le sait-on, si ce n'est par les fossiles ?

Les fossiles, qui ont donné naissance à la théorie de la terre, lui ont donc fourni en même temps ses principales lumières, les seules qui jusqu'ici aient été généralement reconnues.

Cette idée est ce qui nous a encouragé à nous en occuper ; mais ce champ est immense : un seul homme pourrait à peine en effleurer une faible partie. Il fallait donc faire un choix, et nous le fîmes bientôt. La classe de fossiles qui fait l'objet de cet ouvrage nous attacha dès le premier abord, parce que nous vîmes qu'elle est à la fois plus féconde en conséquences précises, et cependant moins connue, et plus riche en nouveaux sujets de recherches (1).

Importance spéciale des os fossiles de quadrupèdes.

Il est sensible en effet que les ossemens de quadrupèdes peuvent conduire, par plusieurs raisons, à des résultats plus rigoureux qu'aucune autre dépouille de corps organisés.

Premièrement, ils caractérisent d'une manière plus nette les révolutions qui les ont affectés. Des coquilles annoncent bien que la mer existait où elles se sont formées; mais leurs changemens d'espèces pourraient à la rigueur provenir de

---

(1) Mon ouvrage a prouvé en effet à quel point cette matière était encore neuve lorsque je l'ai commencé, malgré les excellens travaux des Camper, des Pallas, des Blumenbach, des Merk, des Sœmmerring, des Rosenmüller, des Fischer, des Faujas, des Home, et des autres savans dont j'ai eu le plus grand soin de citer les ouvrages dans ceux de mes chapitres auxquels ils se rapportent. Mais depuis quelques années les naturalistes ont cultivé ce nouveau champ avec une ardeur qui a été couronnée des plus grands succès. MM. Brocchi, Brongniart, Bukland, Conybeare, Deshayes, Ferussac, de Fischer, Goldfuss, Jœger, Marcel de Serres, Mantell, et bien d'autres savans naturalistes, ont montré de plus en plus, par leurs découvertes, l'importance des fossiles en géologie.

changemens légers dans la nature du liquide, ou seulement dans sa température. Ils pourraient avoir tenu à des causes encore plus accidentelles. Rien ne nous assure que, dans le fond de la mer, certaines espèces, certains genres même, après avoir occupé plus ou moins long-temps des espaces déterminés, n'aient pu être chassés par d'autres. Ici, au contraire, tout est précis; l'apparition des os de quadrupèdes, surtout celle de leurs cadavres entiers dans les couches, annonce, ou que la couche même qui les porte était autrefois à sec, ou qu'il s'était au moins formé une terre sèche dans le voisinage. Leur disparition rend certain que cette couche avait été inondée, ou que cette terre sèche avait cessé d'exister. C'est donc par eux que nous apprenons, d'une manière assurée, le fait important des irruptions répétées de la mer, dont les coquilles et les autres produits marins à eux seuls ne nous auraient pas instruits; et c'est par leur étude approfondie que nous pouvons espérer de reconnaître le nombre et les époques de ces irruptions.

Secondement, la nature des révolutions qui ont altéré la surface du globe a dû exercer sur les quadrupèdes terrestres une action plus complète que sur les animaux marins. Comme ces révolutions ont, en grande partie, consisté en déplacemens du lit de la mer, et que les eaux devaient détruire tous les quadrupèdes qu'elles atteignaient, si leur irruption a été générale, elle a pu faire périr la classe entière, ou, si elle n'a porté à la fois que sur certains continens, elle a pu anéantir au moins les espèces propres à ces continens, sans avoir la même influence sur les animaux marins. Au contraire, des millions d'individus aquatiques ont pu être laissés à sec ou ensevelis sous des couches nouvelles, ou jetés avec violence à la côte, et leur race être cependant conservée dans quelques lieux plus paisibles d'où elle se sera de nouveau propagée après que l'agitation des mers aura cessé.

Troisièmement, cette action plus complète est aussi plus facile à saisir; il est plus aisé d'en démontrer les effets, parce que le nombre des quadrupèdes étant borné, la plupart de leurs espèces, au moins les grandes, étant connues, on a plus de moyens de s'assurer si des os fossiles appartiennent à l'une d'elles, ou s'ils viennent d'une espèce perdue. Comme nous sommes, au contraire, fort loin de connaître tous les coquillages et tous les poissons de la mer ; comme nous ignorons probablement encore la plus grande partie de ceux qui vivent dans la profondeur, il est impossible de savoir avec certitude si une espèce que l'on trouve fossile n'existe pas quelque part vivante. Aussi voyons-nous des savans s'opiniâtrer à donner le nom de coquilles pélagiennes, c'est-à-dire de coquilles de la haute mer, aux bélemnites, aux cornes d'ammon et aux autres dépouilles testacées qui n'ont encore été vues que dans les couches anciennes, voulant dire par-là que, si on ne les a point encore découvertes dans l'état de vie, c'est qu'elles habitent à des profondeurs inaccessibles pour nos filets.

Sans doute les naturalistes n'ont pas encore traversé tous les continens et ne connaissent pas même tous les quadrupèdes qui habitent les pays qu'ils ont traversés. On découvre de temps en temps des espèces nouvelles de cette classe, et ceux qui n'ont pas examiné avec attention toutes les circonstances de ces découvertes pourraient croire aussi que les quadrupèdes inconnus dont on trouve les os dans nos couches sont restés jusqu'à présent cachés dans quelques îles qui n'ont pas été rencontrées par des navigateurs ou dans quelques uns des vastes déserts qui occupent le milieu de l'Asie, de l'Afrique, des deux Amériques et de la Nouvelle-Hollande.

Il y a peu d'espérance de découvrir de nouvelles espèces de grands quadrupèdes.

Cependant, que l'on examine bien quelles sortes de quadrupèdes l'on a découvertes récemment et dans quelles circonstances on les a découvertes, et l'on verra qu'il reste peu d'espoir de trouver un jour celles que nous n'avons encore vues que fossiles.

Les îles d'étendue médiocre, et placées loin des grandes terres, ont très-peu de quadrupèdes, la plupart fort petits : quand elles en possèdent de grands, c'est qu'ils y ont été apportés d'ailleurs. Bougainville et Cook n'ont trouvé que des cochons et des chiens dans les îles de la mer du Sud. Les plus grands quadrupèdes des Antilles étaient les agoutis.

A la vérité les grandes terres, comme l'Asie, l'Afrique, les deux Amériques et la Nouvelle-Hollande, ont de grands quadrupèdes, et généralement des espèces propres à chacune d'elles ; en sorte que toutes les fois que l'on a découvert de ces terres que leur situation avait tenues isolées du reste du monde, on y a trouvé la classe des quadrupèdes entièrement différente de ce qui existait ailleurs. Ainsi, quand les Espagnols parcoururent pour la première fois l'Amérique méridionale, ils n'y trouvèrent pas un seul des quadrupèdes de l'Europe, de l'Asie, ni de l'Afrique. Le puma, le jaguar, le tapir, le cabiai, le lama, la vigogne, les paresseux, les tatous, les sarigues, tous les sapajous furent pour eux des êtres entièrement nouveaux, et dont ils n'avaient nulle idée. Le même phénomène s'est renouvelé de nos jours quand on a commencé à examiner les côtes de la Nouvelle-Hollande et les îles adjacentes. Les divers kanguroos, les phascolomes, les dasyures, les péramèles, les phalangers volans, les ornithorinques, les échidnés sont venus étonner les naturalistes par des conformations étranges qui rompaient toutes les règles et échappaient à tous les systèmes.

Si donc il restait quelque grand continent à découvrir, on pourrait encore espérer de connaître de nouvelles espèces parmi lesquelles il pourrait s'en trouver de plus ou moins semblables à celles dont les entrailles de la terre nous ont montré les dépouilles; mais il suffit de jeter un coup d'œil sur la mappemonde, de voir les innombrables directions selon lesquelles les navigateurs ont sillonné l'Océan, pour juger qu'il ne doit plus y avoir de grande terre, à moins qu'elle ne soit vers le pôle austral, où les glaces n'y laisseraient subsister aucun reste de vie.

Ainsi ce n'est que de l'intérieur des grandes parties du monde que l'on peut encore attendre des quadrupèdes inconnus.

Or, avec un peu de réflexion, on verra bientôt que l'attente n'est guère plus fondée de ce côté que de celui des îles.

Sans doute le voyageur européen ne parcourt pas aisément de vastes étendues de pays, désertes ou nourrissant seulement des peuplades féroces, et cela est surtout vrai à l'égard de l'Afrique : mais rien n'empêche les animaux de parcourir ces contrées en tous sens, et de se rendre vers les côtes. Quand il y aurait entre les côtes et les déserts de l'intérieur de grandes chaînes de montagnes, elles seraient toujours interrompues à quelques endroits pour laisser passer les fleuves ; et, dans ces déserts brûlans, les quadrupèdes suivent de préférence les bords des rivières. Les peuplades des côtes remontent aussi ces rivières, et prennent promptement connaissance, soit par elles-mêmes, soit par le commerce et la tradition des peuplades supérieures, de toutes les espèces remarquables qui vivent jusque vers les sources.

Il n'a donc fallu à aucune époque un temps bien long pour que les nations civilisées qui ont fréquenté les côtes d'un grand pays en connussent assez bien les animaux considérables, ou frappans par leur configuration.

Les faits connus répondent à ce raisonnement. Quoique les anciens n'aient point passé l'Imaüs et le Gange, en Asie, et qu'ils n'aient pas été fort loin, en Afrique, au midi de l'Atlas, ils ont réellement connu tous les grands animaux de ces deux parties du monde; et, s'ils n'en ont pas distingué toutes les espèces, ce n'est point parce qu'ils n'avaient pu les voir ou en entendre parler, mais parce que la ressemblance de ces espèces n'avait pas permis d'en reconnaître les caractères. La seule grande exception que l'on puisse m'opposer est le tapir de Malacca, récemment envoyé des Indes par deux jeunes naturalistes de mes élèves, MM. Duvaucel et Diard, et qui forme en effet l'une des plus belles découvertes dont l'histoire naturelle se soit enrichie dans ces derniers temps.

Les anciens connaissaient très-bien l'éléphant, et l'histoire de ce quadrupède est plus exacte dans Aristote que dans Buffon.

Ils n'ignoraient même pas une partie des différences qui distinguent les éléphans d'Afrique de ceux d'Asie (1).

Ils connaissaient les rhinocéros à deux cornes que l'Europe moderne n'a point vus vivans. Domitien en montra à Rome, et en fit graver sur des médailles. Pausanias les décrit fort bien (2).

Le rhinocéros unicorne, tout éloignée qu'est sa patrie, leur était également connu. Pompée en fit voir un à Rome. Strabon en décrivit exactement un autre à Alexandrie.

Le rhinocéros de Sumatra décrit par M. Bell, et celui de Java découvert et envoyé par MM. Duvaucel et Diard, ne paraissent point habiter le continent. Ainsi il n'est point étonnant que les anciens les ignorassent : d'ailleurs ils ne les auraient peut-être pas distingués à cause de leur

---

(1) Voyez dans le tome 1er de mes Recherches le chapitre des Éléphans.

(2) Voyez dans le tome II, première partie, le chapitre des Rhinocéros.

trop grande ressemblance avec les autres espèces.

L'hippopotame n'a pas été si bien décrit que les espèces précédentes ; mais on en trouve des figures très-exactes sur les monumens laissés par les Romains, et représentant des choses relatives à l'Egypte, telles que la statue du Nil, la mosaïque de Palestrine, et un grand nombre de médailles. En effet, les Romains en ont vu plusieurs fois ; Scaurus, Auguste, Antonin, Commode, Héliogabale, Philippe et Carin (1) leur en montrèrent.

Les deux espèces de chameaux, celle de Bactriane et celle d'Arabie, sont déjà fort bien décrites et caractérisées par Aristote (2).

Les anciens ont connu la girafe, ou chameau-léopard ; on en a même vu une vivante à Rome, dans le cirque, sous la dictature de Jules César, l'an de Rome 708 ; il y en avait eu dix ☙ rassemblées par Gordien III, qui furent tuées aux jeux séculaires de Philippe (3), ce qui doit étonner nos

---

(1) Voyez mon chapitre de l'Hippopotame dans le tome 1er des Recherches.

(2) Hist. anim., lib. II, cap. 1.

(3) Jul. Capitol, Gord. III, cap. 23.

modernes qui n'en ont vu qu'une dans le treizième et une dans le quinzième siècle (1), et qui ont si fort admiré celle que la France a reçue du pacha d'Égypte, et qui vit aujourd'hui au Jardin du Roi.

Si on lit avec attention les descriptions de l'hippopotame, données par Hérodote et par Aristote, et que l'on croit empruntées d'Hécatée de Milet, on trouvera qu'elles doivent avoir été composées avec celles de deux animaux différens, dont l'un était peut-être le véritable hippopotame, et dont l'autre était certainement le gnou (*Antilope gnu*, Gmel.), ce quadrupède dont nos naturalistes n'ont entendu parler qu'à la fin du dix-huitième siècle. C'était le même animal dont on avait des relations fabuleuses sous le nom de *catoblepas* ou de *catablepon* (2).

Le sanglier d'Éthiopie d'Agatharchides, qui avait des cornes, était bien notre sanglier d'É-

(1) Celle que posséda l'empereur Frédéric II, et celle que le soudan d'Égypte envoya à Laurent de Médicis, et qui est peinte dans les fresques de Poggio Cajano.

(2) Voyez Pline, lib. VIII, cap. 32; et surtout Ælien, lib. VII, cap. 5.

thiopie d'aujourd'hui, dont les énormes défenses méritent presque autant le nom de cornes que les défenses de l'éléphant (1).

Le bubale, le nagor sont décrits par Pline (2); la gazelle, par Élien (3); l'oryx, par Oppien (4); l'axis l'était dès le temps de Ctésias (5); l'algazel et la corine sont parfaitement représentés sur les monumens égyptiens (6).

Élien décrit bien le yak, ou *bos grunniens*, sous le nom de bœuf dont la queue sert à faire des chasse-mouches (7).

Le buffle n'a pas été domestique chez les anciens; mais le bœuf des Indes, dont parle Élien (8), et qui avait des cornes assez grandes pour tenir trois amphores, était bien la variété du buffle appelée *arni*.

---

(1) Ælian., Anim., v, 27.

(2) Pline, lib. viii, cap. 15, et lib. xi, cap. 37.

(3) Ælian., Anim., xiv, 14.

(4) Opp., Cyneg., ii, v. 445 et suiv.

(5) Pline, lib. viii, cap. 21.

(6) Voyez le grand ouvrage sur l'Égypte, Antiq., iv, pl. 49 et pl. 66.

(7) Ælian., Anim., xv, 14.

(8) Ælian., Anim., iii, 34.

Et même ce bœuf sauvage à cornes déprimées, qu'Aristote place dans l'Arachosie (1), ne peut être que le buffle ordinaire.

Les anciens ont connu les bœufs sans cornes (2) ; les bœufs d'Afrique, dont les cornes attachées seulement à la peau se remuaient avec elle (3) ; les bœufs des Indes, aussi rapides à la course que des chevaux (4) ; ceux qui ne surpassent pas un bouc en grandeur (5) ; les moutons à large queue (6) ; ceux des Indes, grands comme des ânes (7).

Toutes mêlées de fables que sont les indications données par les anciens sur l'aurochs, sur le renne, et sur l'élan, elles prouvent toujours qu'ils en avaient quelque connaissance ; mais que cette connaissance, fondée sur le rapport de

---

(1) Arist., Hist. an. lib. II, cap. 5.
(2) Ælian., II, 53.
(3) *Idem*, II, 20.
(4) *Idem*, XV, 24.
(5) *Idem*, *ibid.*
(6) *Idem*, Anim., III, 3.
(7) *Idem*, IV, 32.

peuples grossiers, n'avait point été soumise à une critique judicieuse (1).

Ces animaux habitent toujours les pays que les anciens leur assignent, et n'ont disparu que dans les contrées trop cultivées pour leurs habitudes ; l'aurochs, l'élan, vivent encore dans les forêts de la Lithuanie qui se continuaient autrefois avec la forêt Hercynienne. Il y a des aurochs au nord de la Grèce comme du temps de Pausanias. Le renne vit dans le nord, dans les pays glacés où il a toujours vécu ; il y change de couleur, non pas à volonté comme le croyaient les Grecs, mais suivant les saisons. C'est par suite de méprises à peine excusables qu'on a supposé qu'il s'en trouvait au quatorzième siècle dans les Pyrénées (2).

---

(1) Voyez dans mes Recherches, tom. IV, le chapitre des Cerfs et celui des Bœufs.

(2) Buffon, ayant lu dans Du Fouilloux un passage tronqué de Gaston-Phébus, comte de Foix, où ce prince décrit la chasse du renne, avait imaginé qu'au temps de Gaston cet animal vivait dans les Pyrénées ; et les éditions imprimées de Gaston étaient si fautives, qu'il était difficile de savoir au juste ce que cet auteur avait voulu dire ; mais ayant recouru à son manuscrit original, qui est con-

L'ours blanc a été vu même en Égypte sous les Ptolémées (1).

Les lions, les panthères, étaient communs à Rome dans les jeux : on les voyait par centaines; on y a vu même quelques tigres ; l'hyène rayée, le crocodile du Nil, y ont paru. Il y a dans les mosaïques antiques, conservées à Rome, d'excellens portraits des plus rares de ces espèces ; on voit entre autres l'hyène rayée, parfaitement représentée dans un morceau conservé au Muséum du Vatican, et pendant que j'étais à Rome (en 1809), on découvrit dans un jardin du côté de l'arc de Galien, un pavé en mosaïque de pierres naturelles assorties à la manière de Florence, représentant quatre tigres de Bengale supérieurement rendus. Il a été depuis divisé et placé dans les salons de l'hôtel de M. Torlonia, duc de Bracciano.

Le Muséum du Vatican possède un crocodile

---

servé à la Bibliothèque du Roi, j'ai constaté que c'était en *Xueden* et en *Nourvègue* (en Suède et en Norwége) qu'il disait avoir vu et chassé des rennes.

(1) Athénée, lib. v.

en basalte, d'une exactitude presque parfaite (1). On ne peut guère douter que l'*hippotigre* ne fût le zébre, qui ne vient cependant que des parties méridionales de l'Afrique (2).

Il serait facile de montrer que presque toutes les espèces un peu remarquables de singes ont été assez distinctement indiquées par les anciens sous les noms de pithèques, de sphinx, de satyres, de cébus, de cynocéphales, de cercopithèques (3).

Ils ont connu et décrit jusqu'à d'assez petites espèces de rongeurs, quand elles avaient quelque conformation ou quelque propriété notable (4). Mais les petites espèces ne nous impor-

---

(1) Il n'y a d'erreur qu'un ongle de trop au pied de derrière. Auguste en avait montré trente-six. Dion, lib. LV.

(2) Caracalla en tua un dans le cirque. Dion. lib. LXXVII. Conf. Gisb. Cuperi de Eleph. in nummis obviis, ex. II, cap. 7.

(3) Voyez Lichtenstein : Comment. de Simiarum quotquot veteribus innotuerunt formis. Hamburg. 1791. Et en général consultez sur tous ces animaux les notes que j'ai insérées dans le Pline de l'édition de Lemaire, ainsi que dans la traduction de Pline publiée par M. Panckoucke.

(4) La gerboise est gravée sur les médailles de Cyrène, et indiquée par Aristote sous le nom de *Rat à deux pieds*.

tent point relativement à notre objet, et il nous suffit d'avoir montré que toutes les grandes espèces remarquables par quelque caractère frappant, que nous connaissons en Europe, en Asie et en Afrique, étaient déjà connues des anciens; d'où nous pouvons aisément conclure que s'ils ne font pas mention des petites, ou s'ils ne distinguent point celles qui se ressemblent trop, comme les diverses gazelles et autres, ils en ont été empêchés par le defaut d'attention et de méthode, plutôt que par les obstacles du climat. Nous conclurons également que si dix-huit ou vingt siècles, et la circumnavigation de l'Afrique et des Indes, ont si peu ajouté en ce genre à ce que les anciens nous ont appris, il n'y a pas d'apparence que les siècles qui suivront apprennent beaucoup à nos neveux.

Mais peut-être quelqu'un fera-t-il un argument inverse, et dira que non seulement les anciens, comme nous venons de le prouver, ont connu autant de grands animaux que nous, mais qu'ils en ont décrit plusieurs que nous n'avons pas; que nous nous hâtons de regarder ces animaux comme fabuleux; que nous devons les chercher encore avant de croire avoir épuisé l'histoire de la création existante; enfin que parmi ces animaux prétendus fabuleux se trouveront peut-être, lorsqu'on les connaîtra mieux, les originaux de nos ossemens d'espèces inconnues. Quelques uns penseront même que ces monstres divers, ornemens essentiels de l'histoire héroïque de presque tous les peuples, sont précisément ces espèces qu'il a fallu détruire pour permettre à la civilisation de s'établir. Ainsi les Thésée et les Bellérophon auraient été plus heureux que tous nos peuples d'aujourd'hui, qui ont bien repoussé les animaux nuisibles, mais qui ne sont encore parvenus à en exterminer aucun.

Il est facile de répondre à cette objection en examinant les descriptions de ces êtres inconnus, et en remontant à leur origine.

Les plus nombreux ont une source purement mythologique, et leurs descriptions en portent l'empreinte irrécusable ; car on ne voit dans presque toutes que des parties d'animaux connus, réunies par une imagination sans frein, et contre toutes les lois de la nature.

Ceux qu'ont inventés ou arrangés les Grecs ont au moins de la grâce dans leur composition ; semblables à ces arabesques qui décorent quelques restes d'édifices antiques, et qu'a multipliés le pinceau fécond de Raphaël, les formes qui s'y marient, tout en répugnant à la raison, offrent à l'œil des contours agréables; ce sont des produits légers d'heureux songes; peut-être des emblèmes dans le goût oriental, où l'on prétendait voiler sous des images mystiques quelques propositions de métaphysique ou de morale. Pardonnons à ceux qui emploient leur temps à découvrir la sagesse cachée dans le sphinx de Thèbes, ou dans le pégase de Thessalie, ou dans le minotaure de Crète, ou dans la chimère de l'Epire; mais espérons que personne ne les cherchera sérieusement dans la nature : autant vaudrait y chercher les animaux de Daniel, ou la bête de l'Apocalypse.

N'y cherchons pas davantage les animaux mythologiques des Perses, enfans d'une imagination encore plus exaltée; cette *martichore* ou *destructeur d'hommes*, qui porte une tête humaine sur un corps de lion, terminé par une queue de scorpion (1); ce *griffon* ou *gardeur de trésors*,

(1) Plin. VIII, 31; Arist., lib. II, cap. 11; Phot., Bibl., art. 72; Ctes., Indic.; Ælian., Anim., IV, 21.

à moitié aigle, à moitié lion (1); ce *cartazonon* (2) ou âne sauvage, dont le front est armé d'une longue corne.

Ctésias, qui a donné ces animaux pour existans, a passé, chez beaucoup d'auteurs, pour un inventeur de fables, tandis qu'il n'avait fait qu'attribuer de la réalité à des figures emblématiques. On a retrouvé ces compositions fantastiques sculptées dans les ruines de Persépolis (3); que signifiaient-elles? Nous ne le saurons probablement jamais; mais à coup sûr elles ne représentent pas des êtres réels.

Agatharchides, cet autre fabricateur d'animaux, avait probablement puisé à une source analogue : les monumens de l'Egypte nous montrent encore des combinaisons nombreuses de parties d'espèces diverses : les dieux y sont souvent représentés avec un corps humain et une

---

(1) Ælian., Anim., IV, 27.

(2) *Idem*, XVI, 20; Photius, Bibl., art. 72; Ctes., Indic.

(3) Voyez Corneille Lebrun, Voyage en Moscovie, en Perse et aux Indes, tom. II, et l'ouvrage allemand de M. Heeren, sur le commerce des anciens.

tête d'animal; on y voit des animaux avec des têtes d'homme, qui ont produit les cynocéphales, les sphinx et les satyres des anciens naturalistes. L'habitude d'y représenter dans un même tableau des hommes de tailles très-différentes, le roi ou le vainqueur gigantesque, les vaincus ou les sujets trois ou quatre fois plus petits, aura donné naissance à la fable des pygmées. C'est dans quelque recoin d'un de ces monumens qu'Agatharchides aura vu son taureau carnivore, dont la gueule fendue jusqu'aux oreilles, n'épargnait aucun autre animal (1), mais qu'assurément les naturalistes n'avoueront pas; car la nature ne combine ni des pieds fourchus, ni des cornes, avec des dents tranchantes.

Il y aura peut-être eu bien d'autres figures tout aussi étranges, ou dans ceux de ces monumens qui n'ont pu résister au temps, ou dans les temples de l'Ethiopie et de l'Arabie, que les Mahométans et les Abyssins ont détruits par zèle religieux. Ceux de l'Inde en fourmillent; mais

(1) Photius, Bibl., art. 250; Agatharchid., Excerpt. hist., cap. XXXIX; Ælian., Anim., XVII, 45; Plin., VIII, 21.

les combinaisons en sont trop extravagantes pour avoir trompé quelqu'un ; des monstres à cent bras, à vingt têtes toutes différentes, sont aussi par trop monstrueux.

Il n'est pas jusqu'aux Japonais et aux Chinois qui n'aient des animaux imaginaires qu'ils donnent comme réels, qu'ils représentent même dans leurs livres de religion. Les Mexicains en avaient. C'est l'habitude de tous les peuples, soit aux époques où leur idolâtrie n'est point encore raffinée, soit lorsque le sens de ces combinaisons emblématiques a été perdu. Mais qui oserait prétendre trouver dans la nature ces enfans de l'ignorance ou de la superstition?

Il sera arrivé cependant que des voyagenrs, pour se faire valoir, auront dit avoir observé ces êtres fantastiques, ou que, faute d'attention, et trompés par une ressemblance légère, ils auront pris pour eux des êtres réels. Les grands singes auront paru de vrais cynocéphales, de vrais sphinx, de vrais hommes à queue; c'est ainsi que saint Augustin aura cru avoir vu un satyre.

Quelques animaux véritables mal observés et mal décrits, auront aussi donné naissance à des idées monstrueuses, bien que fondées sur quelque réalité ; ainsi l'on ne peut douter de l'existence de l'hyène, quoique cet animal n'ait pas le cou soutenu par un seul os (1), et qu'il ne change pas chaque année de sexe, comme le dit Pline (2) ; ainsi le taureau carnivore n'est peut-être qu'un rhinocéros à deux cornes dénaturé. M. de Weltheim prétend bien que les fourmis aurifères d'Hérodote sont des *corsacs*.

L'un des plus fameux, parmi ces animaux des anciens, c'est la *licorne*. On s'est obstiné jusqu'à nos jours à la chercher, ou du moins à chercher des argumens pour en soutenir l'existence. Trois animaux sont fréquemment mentionnés chez les

---

(1) J'ai même vu, dans le cabinet de feu M. Adrien Camper, un squelette d'hyène où plusieurs des vertèbres du cou étaient soudées ensemble. Il est probable que c'est quelque individu semblable qui aura fait attribuer en général ce caractère à toutes les hyènes. Cet animal doit être plus sujet que d'autres à cet accident, à cause de la force prodigieuse des muscles de son cou et de l'usage fréquent qu'il en fait. Quand l'hyène a saisi quelque chose, il est plus aisé de l'attirer tout entière que de lui arracher ce qu'elle tient ; et c'est ce qui en a fait pour les Arabes l'emblème de l'opiniâtreté invincible.

(2) Il ne change pas de sexe ; mais il a au périnée un orifice qui a pu le faire croire hermaphrodite.

anciens comme n'ayant qu'une corne au milieu du front. L'*oryx d'Afrique*, qui a en même temps le pied fourchu, le poil à contre-sens (1), une grande taille, comparable à celle du bœuf (2) ou même du rhinocéros (3), et que l'on s'accorde à rapprocher des cerfs et des chèvres pour la forme (4); l'*âne des Indes*, qui est solipède, et le *monoceros* proprement dit, dont les pieds sont tantôt comparés à ceux du lion (5), tantôt à ceux de l'éléphant (6), qui est par conséquent censé fissipède. Le cheval (7) et le bœuf unicornes se rapportent l'un et l'autre, sans doute, à l'âne des Indes, car le bœuf même est donné comme solipède (8). Je le demande; si ces animaux existaient comme espèces distinctes, n'en aurions-nous pas au moins les cornes dans nos cabinets?

---

(1) Arist., Anim., II, 1, III, 1; Plin., XI, 46.

(2) Hérod., IV, 192.

(3) Oppien, Cyneg., II, vers. 551.

(4) Plin., VIII, 53.

(5) Philostorge, III, 11.

(6) Plin., VIII, 21.

(7) Onésicrite, ap. Strab., lib. XV; Ælian., Anim, XIII, 42.

(8) Plin. VIII, 31.

Et quelles cornes impaires y possédons-nous, si ce n'est celles du rhinocéros et du narval?

Comment, après cela, s'en rapporter à des figures grossières tracées par des sauvages sur des rochers (1)? Ne sachant pas la perspective, et voulant représenter une antilope à cornes droite de profil, ils n'auront pu lui donner qu'une corne, et voilà sur-le-champ un oryx. Les oryx des monumens égyptiens ne sont probablement aussi que des produits du style roide, imposé aux artistes de ce pays par la religion. Beaucoup de leurs profils de quadrupèdes n'offrent qu'une jambe devant et une derrière; pourquoi auraient-ils montré deux cornes? Peut-être est-il arrivé de prendre à la chasse des individus qu'un accident avait privés d'une corne, comme il arrive assez souvent aux chamois et aux saïgas, et cela aura suffi pour confirmer l'erreur produite par ces images. C'est probablement ainsi que l'on a trouvé nouvellement la licorne dans les montagnes du Thibet.

Tous les anciens, au reste, n'ont pas non plus réduit l'oryx à une seule corne; Oppien lui en

(1) Barrow : Voyage au Cap., trad. fr. II, 178.

donne expressément plusieurs (1), et Élien cite des oryx qui en avaient quatre (2) ; enfin si cet animal était ruminant et à pied fourchu, il avait à coup sûr l'os du front divisé en deux et n'aurait pu, suivant la remarque très-juste de Camper, porter une corne sur la suture (3).

---

(1) Oppien., Cyneg., lib. II, v. 468 et 471.

(2) De An., lib. XV, cap. 14.

(3) [Mon oncle a depuis rectifié ce que cette idée de Camper a d'inexact, lorsqu'il eut reçu plusieurs têtes osseuses de girafe. J'extrais le passage suivant de son compte rendu des travaux de l'Académie des sciences, pendant l'année 1827. « Deux faits curieux et nouveaux pour l'anatomie comparée résultent de l'examen de ces têtes. Le premier, c'est que les cornes de la girafe ne sont pas simplement, comme les noyaux des cornes des bœufs et des moutons, des productions des os frontaux, mais qu'elles constituent des os particuliers, séparés d'abord par des sutures et attachés à la fois sur l'os frontal et sur le pariétal ; le second, plus important peut-être encore, c'est que la troisième petite corne, ou le tubercule qui est placé entre les yeux en avant des cornes, est elle-même un os particulier, séparé aussi par une suture, et attaché sur la suture longitudinale qui sépare les deux os du front. Cette circonstance affaiblit les objections que plusieurs auteurs, et surtout Camper, avaient faites contre l'existence de la licorne, objections fondées sur ce qu'une

Mais, dira-t-on, quel animal à deux cornes a pu donner l'idée de l'oryx et présente les traits que l'on rapporte de sa conformation, même en faisant abstraction de l'unité de corne? Je réponds, avec Pallas, que c'est l'antilope à cornes droites, mal à propos nommée *pasan* par Buffon. (*Antilope oryx*, Gmel.) Elle habite les déserts de l'Afrique, et doit venir jusqu'aux confins de l'Égypte ; c'est celle que les hiéroglyphes paraissent représenter ; sa forme est assez celle du cerf ; sa taille égale celle du bœuf ; son poil du dos est dirigé vers la tête ; ses cornes forment des armes terribles, aiguës comme des dards, dures comme du fer ; son poil est blanchâtre ; sa face porte des traits et des bandes noires : voilà tout ce qu'en ont dit les naturalistes, et, pour les fables

---

corne impaire aurait dû être attachée sur une suture, ce qui leur paraissait impossible. Toutefois il ne résulte pas de là que la licorne existe ; et en effet, bien que partout la croyance populaire admette la réalité de cet animal, bien que partout on trouve des hommes qui prétendent l'avoir vu, tous les efforts des voyageurs européens pour le retrouver, ont jusqu'à présent été inutiles. »]

Fréd. Cuv.

des prêtres d'Égypte qui ont motivé l'adoption de son image parmi les signes hiéroglyphiques, il n'est pas nécessaire qu'elles soient fondées en nature. Qu'on ait donc vu un oryx privé d'une corne ; qu'on l'ait pris pour un être régulier, type de toute l'espèce ; que cette erreur, adoptée par Aristote, ait été copiée par ses successeurs, tout cela est possible, naturel même, et ne prouvera cependant rien pour l'existence d'une espèce unicorne (1).

Quant à l'âne des Indes, qu'on lise les propriétés anti-vénéneuses attribuées à sa corne par les anciens, et l'on verra qu'elles sont absolument les mêmes que les Orientaux attribuent aujourd'hui à la corne du rhinocéros. Dans les premiers temps où cette corne aura été apportée chez les Grecs, ils n'auront pas encore connu l'animal qui la portait. En effet, Aristote ne fait point mention

---

(1) M. Lichtenstein, considérant que l'antilope oryx de Pallas n'habite que le midi de l'Afrique, pense que l'oryx des anciens est plutôt l'*antilope gazella*, Linn., qui diffère de l'autre espèce par des cornes arquées. Il paraît en effet que c'est elle qui est représentée le plus souvent sur les monumens égyptiens.

du rhinocéros, et Agatharchides est le premier qui l'ait décrit. C'est ainsi que les anciens ont eu de l'ivoire long-temps avant de connaître l'éléphant. Peut-être même quelques uns de leurs voyageurs auront-ils nommé le rhinocéros *âne des Indes* avec autant de justesse que les Romains avaient nommé l'éléphant *bœuf de Lucanie*. Tout ce qu'on dit de la force, de la grandeur et de la férocité de cet âne sauvage convient d'ailleurs très-bien au rhinocéros. Par la suite ceux qui connaissaient mieux le rhinocéros, trouvant dans des auteurs antérieurs cette dénomination d'*âne des Indes*, l'auront prise, faute de critique, pour celle d'un animal particulier; enfin de ce nom l'on aura conclu que l'animal devait être solipède. Il y a bien une description plus détaillée de l'âne des Indes par Ctésias (1); mais nous avons vu plus haut qu'elle a été faite d'après les bas-reliefs de Persépolis; elle ne doit donc entrer pour rien dans l'histoire positive de l'animal.

Quand enfin il sera venu des descriptions un peu plus exactes qui parlaient d'un animal à une seule corne, mais à plusieurs doigts, l'on en aura

---

(1) Ælian., Anim., IV, 52; Photius, Bibl., pag. 154.

fait encore une troisième espèce sous le nom de *monocéros*. Ces sortes de doubles emplois sont d'autant plus fréquens dans les naturalistes anciens, que presque tous ceux dont les ouvrages nous restent étaient de simples compilateurs; qu'Aristote lui-même a fréquemment mêlé des faits empruntés ailleurs avec ceux qu'il a observés lui-même; qu'enfin l'art de la critique était aussi peu connu alors des naturalistes que des historiens, ce qui est beaucoup dire.

De tous ces raisonnemens, de toutes ces digressions, il résulte que les grands animaux que nous connaissons dans l'ancien continent étaient connus des anciens, et que les animaux décrits par les anciens et inconnus de nos jours, étaient fabuleux; il en résulte donc aussi qu'il n'a pas fallu beaucoup de temps pour que les grands animaux des trois premières parties du monde fussent connus des peuples qui en fréquentaient les côtes.

On peut en conclure que nous n'avons de même aucune grande espèce à découvrir en Amérique. S'il y en existait, il n'y aurait aucune raison pour que nous ne les connussions pas; et en effet, depuis cent cinquante ans, on n'y en a découvert aucune. Le tapir, le jaguar, le puma, le cabiai, le lama, la vigogne, le loup rouge, le buffalo ou bison d'Amérique, les fourmiliers, les paresseux, les tatous, sont déjà dans Margrave et dans Hernandès comme dans Buffon; on peut même dire qu'ils y sont mieux; car Buffon a embrouillé l'histoire des fourmiliers, méconnu le jaguar et le loup rouge, et confondu le bison d'Amérique avec l'aurochs de Pologne. A la vérité, Pennant est le premier naturaliste qui ait bien distingué le petit bœuf musqué; mais il était depuis long-temps indiqué par les voyageurs. Le cheval à pieds fourchus, de Molina, n'est point décrit par les premiers voyageurs espagnols; mais il est plus que douteux qu'il existe, et l'autorité de Molina est trop suspecte pour le faire adopter. Il serait possible de mieux caractériser qu'ils ne le sont, les cerfs de l'Amérique et des Indes; mais il en est à leur égard, comme chez les anciens à l'égard des diverses antilopes; c'est faute d'une bonne méthode pour les distinguer, et non pas d'occasions pour les voir, qu'on ne les a pas mieux fait connaître. Nous pouvons donc dire que le mouflon des montagnes Bleues est jusqu'à présent le seul quadrupède d'Amérique un peu considérable, dont la découverte soit tout-à-fait moderne; et peut-être n'est-ce qu'un argali venu de la Sibérie sur la glace.

Comment croire, après cela, que les immenses mastodontes, les gigantesques mégathériums, dont on a trouvé les os sous la terre dans les deux Amériques, vivent encore sur ce continent? Comment auraient-ils échappé à ces peuplades errantes qui parcourent sans cesse le pays dans tous les sens, et qui reconnaissent elles-mêmes qu'ils n'y existent plus, puisqu'elles ont imaginé une fable sur leur destruction, disant qu'ils furent tués par le Grand Esprit, pour les empêcher d'anéantir la race humaine? Mais on voit que cette fable a été occasionée par la découverte des os, comme celle des habitans de la Sibérie sur leur mammouth, qu'ils prétendent vivre sous terre à la manière des taupes, et comme toutes celles des anciens sur les tombeaux de géans qu'ils plaçaient partout où l'on trouvait des os d'éléphans.

Ainsi l'on peut bien croire que si, comme nous le dirons tout à l'heure, aucune des grandes espèces de quadrupèdes aujourd'hui enfouies dans des couches pierreuses régulières, ne s'est trouvée semblable aux espèces vivantes que l'on connaît, ce n'est pas l'effet d'un simple hasard, ni parce que précisément ces espèces, dont on n'a que les os fossiles, sont cachées dans les déserts, et ont échappé jusqu'ici à tous les voyageurs : l'on doit au contraire regarder ce phénomène comme tenant à des causes générales, et son étude comme l'une des plus propres à nous faire remonter à la nature de ces causes.

Les os fossiles des quadrupèdes sont difficiles à déterminer.

Mais si cette étude est plus satisfaisante par ses résultats que celle des autres restes d'animaux fossiles, elle est aussi hérissée de difficultés beaucoup plus nombreuses. Les coquilles fossiles se présentent pour l'ordinaire dans leur entier, et avec tous les caractères qui peuvent les faire rapprocher de leurs analogues dans les collections ou dans les ouvrages des naturalistes : les poissons mêmes offrent leur squelette plus ou moins entier ; on y distingue presque toujours la forme générale de leur corps, et le plus souvent leurs caractères génériques et spécifiques qui se tirent de leurs parties solides. Dans les quadrupèdes au contraire, quand on rencontrerait le squelette entier, on aurait de la peine à y appliquer des caractères tirés, pour la plupart, des poils, des couleurs et d'autres marques qui s'évanouissent avant l'incrustation ; et même il est infiniment rare de trouver un squelette fossile un peu complet ; des os isolés, et jetés pêle-mêle, presque toujours brisés et réduits à des fragmens, voilà tout ce que nos couches nous fournissent dans cette classe, et la seule ressource du naturaliste. Aussi peut-on dire que la plupart des observateurs, effrayés de ces difficultés, ont passé légèrement sur les os fossiles de quadrupèdes ; les ont classés d'une manière vague, d'après des ressemblances superficielles, ou n'ont pas même hasardé de leur donner un nom ; en sorte que cette partie de l'histoire des fossiles, la plus importante et la plus instructive de toutes, est aussi de toutes la moins cultivée (1).

(1) Je ne prétends point par cette remarque, ainsi que je l'ai déjà dit plus haut, diminuer le mérite des observations de MM. Camper, Pallas, Blumenbach, Sœmmerring, Merk, Faujas, Rosenmüller, Home, etc. ; mais leurs travaux estimables, qui m'ont été fort utiles, et que je cite partout, ne sont que partiels, et plusieurs de ces travaux

Principe de cette détermination.

Heureusement l'anatomie comparée possédait un principe qui, bien développé, était capable de faire évanouir tous les embarras : c'était celui de la corrélation des formes dans les êtres organisés, au moyen duquel chaque sorte d'être pourrait, à la rigueur, être reconnue par chaque fragment de chacune de ses parties.

Tout être organisé forme un ensemble, un système unique et clos, dont les parties se correspondent mutuellement, et concourent à la même action définitive par une réaction réciproque. Aucune de ces parties ne peut changer sans que les autres changent aussi, et par conséquent chacune d'elles, prise séparément, indique et donne toutes les autres.

Ainsi, comme je l'ai dit ailleurs, si les intestins d'un animal sont organisés de manière à ne digérer que de la chair et de la chair récente, il faut aussi que ses mâchoires soient construites pour dévorer une proie ; ses griffes pour la saisir et la déchirer ; ses dents pour la couper et la diviser ; le système entier de ses organes du

---

n'ont été publiés que depuis les premières éditions de ce discours.

mouvement pour la poursuivre et pour l'atteindre; ses organes des sens pour l'apercevoir de loin ; il faut même que la nature ait placé dans son cerveau l'instinct nécessaire pour savoir se cacher et tendre des piéges à ses victimes. Telles seront les conditions générales du régime carnivore; tout animal destiné pour ce régime les réunira infailliblement, car sa race n'aurait pu subsister sans elles ; mais sous ces conditions générales il en existe de particulières, relatives à la grandeur, à l'espèce, au séjour de la proie pour laquelle l'animal est disposé ; et de chacune de ces conditions particulières résultent des modifications de détail dans les formes qui dérivent des conditions générales : ainsi, non seulement la classe, mais l'ordre, mais le genre, et jusqu'à l'espèce, se trouvent exprimés dans la forme de chaque partie.

En effet, pour que la mâchoire puisse saisir, il lui faut une certaine forme de condyle, un certain rapport entre la position de la résistance et celle de la puissance avec le point d'appui, un certain volume dans le muscle crotaphite qui exige une certaine étendue dans la fosse qui le reçoit, et une certaine convexité de l'arcade zygomatique sous laquelle il passe; cette arcade zygomatique doit aussi avoir une certaine force pour donner appui au muscle masseter.

Pour que l'animal puisse emporter sa proie, il lui faut une certaine vigueur dans les muscles qui soulèvent sa tête, d'où résulte une forme déterminée dans les vertèbres où ces muscles ont leurs attaches, et dans l'occiput où ils s'insèrent.

Pour que les dents puissent couper la chair, il faut qu'elles soient tranchantes, et qu'elles le soient plus ou moins, selon qu'elles auront plus ou moins exclusivement de la chair à couper. Leur base devra être d'autant plus solide qu'elles auront plus d'os, et de plus gros os à briser. Toutes ces circonstances influeront aussi sur le développement de toutes les parties qui servent à mouvoir la mâchoire.

Pour que les griffes puissent saisir cette proie, il faudra une certaine mobilité dans les doigts, une certaine force dans les ongles, d'où résulteront des formes déterminées dans toutes les phalanges, et des distributions nécessaires de muscles et de tendons; il faudra que l'avant-bras ait une certaine facilité à se tourner, d'où résulteront encore des formes déterminées dans les os qui le composent ; mais les os de l'avant-bras, s'articulant sur l'humérus, ne peuvent changer de formes sans entraîner des changemens dans celui-ci. Les os de l'épaule devront avoir un certain degré de fermeté dans les animaux qui emploient leurs bras pour saisir, et il en résultera encore pour eux des formes particulières. Le jeu de toutes ces parties exigera dans tous leurs muscles de certaines proportions, et les impressions de ces muscles ainsi proportionnés, détermineront encore plus particulièrement les formes des os.

Il est aisé de voir que l'on peut tirer des conclusions semblables pour les extrémités postérieures qui contribuent à la rapidité des mouvemens généraux ; pour la composition du tronc et les formes des vertèbres, qui influent sur la facilité, la flexibilité de ces mouvemens; pour les formes des os du nez, de l'orbite, de l'oreille, dont les rapports avec la perfection des sens de l'odorat, de la vue, de l'ouïe sont évidens. En un mot, la forme de la dent entraîne la forme du condyle, celle de l'omoplate, celle des ongles, tout comme l'équation d'une courbe entraîne toutes ses propriétés ; et de même qu'en prenant chaque propriété séparément pour base d'une équation particulière, on retrouverait, et l'équation ordinaire, et toutes les autres propriétés quelconques, de même l'ongle, l'omoplate, le condyle, le fémur, et tous les autres os pris chacun séparément, donnent la dent ou se donnent réciproquement; et en commençant par chacun d'eux, celui qui posséderait rationnellement les lois de l'économie organique pourrait refaire tout l'animal.

Ce principe est assez évident en lui-même, dans cette acception générale, pour n'avoir pas besoin d'une plus ample démonstration; mais quand il s'agit de l'appliquer, il est un grand nombrede cas où notre connaissance théorique des rapports des formes ne suffirait point, si elle n'était appuyée sur l'observation.

Nous voyons bien, par exemple, que les animaux à sabots doivent tous être herbivores, puisqu'ils n'ont aucun moyen de saisir une proie; nous voyons bien encore que, n'ayant d'autre usage à faire de leurs pieds de devant que de soutenir leur corps, ils n'ont pas besoin d'une épaule aussi vigoureusement organisée, d'où résulte l'absence de clavicule et d'acromion, l'étroitesse de l'omoplate ; n'ayant pas non plus besoin de tourner leur avant-bras, leur radius sera soudé au cubitus, ou du moins articulé par ginglyme, et non par arthrodie avec l'humérus ; leur régime herbivore exigera des dents à couronne plate pour broyer les semences et les herbages ; il faudra que cette couronne soit inégale, et, pour cet effet, que les parties d'émail y alternent avec les parties osseuses ; cette sorte de couronne nécessitant des mouvemens horizontaux pour la trituration, le condyle de la mâchoire ne pourra être un gond aussi serré que dans les carnassiers ; il devra être aplati, et répondre aussi à une facette de l'os des tempes plus ou moins aplatie ; la fosse temporale, qui n'aura qu'un petit muscle à loger, sera peu large et peu profonde, etc. Toutes ces choses se déduisent l'une de l'autre, selon leur plus ou moins de généralité, et de manière que les unes sont essentielles et exclusivement propres aux animaux à sabots, et que les autres, quoique également nécessaires dans ces animaux, ne leur seront pas exclusives, mais pourront se retrouver dans d'autres animaux, où le reste des conditions permettra encore celles-là.

Si l'on descend ensuite aux ordres ou subdivisions de la classe des animaux à sabots, et que l'on examine quelles modifications subissent les conditions générales, ou plutôt quelles conditions particulières il s'y joint, d'après le caractère propre à chacun de ces ordres, les raisons de ces conditions subordonnées commencent à paraître moins claires. On conçoit bien encore en gros la nécessité d'un système digestif plus compliqué dans les espèces où le système dentaire est plus imparfait ; ainsi l'on peut se dire que ceux-là devaient être plutôt des animaux ruminans, où il manque tel ou tel ordre de dents ; on peut en déduire une certaine forme d'œsophage et des formes correspondantes des vertèbres du cou, etc. Mais je doute qu'on eût deviné, si l'observation ne l'avait appris, que les ruminans auraient tous le pied fourchu, et qu'ils seraient les seuls qui l'auraient : je doute qu'on eût deviné qu'il n'y aurait de cornes au front que dans cette seule classe ; que ceux d'entre eux qui auraient des canines aiguës, manqueraient, pour la plupart, de cornes, etc.

Cependant, puisque ces rapports sont constans, il faut bien qu'ils aient une cause suffisante;

mais comme nous ne la connaissons pas, nous devons suppléer au défaut de la théorie par le moyen de l'observation; elle nous sert à établir des lois empiriques qui deviennent presque aussi certaines que les lois rationnelles, quand elles reposent sur des observations assez répétées; en sorte qu'aujourd'hui, quelqu'un qui voit seulement la piste d'un pied fourchu, peut en conclure que l'animal qui a laissé cette empreinte ruminait; et cette conclusion est tout aussi certaine qu'aucune autre en physique ou en morale. Cette seule piste donne donc à celui qui l'observe, et la forme des dents, et la forme des mâchoires, et la forme des vertèbres, et la forme de tous les os des jambes, des cuisses, des épaules et du bassin de l'animal qui vient de passer. C'est une marque plus sûre que toutes celles de Zadig.

Qu'il y ait cependant des raisons secrètes de tous ces rapports, c'est ce que l'observation même fait entrevoir indépendamment de la philosophie générale.

En effet, quand on forme un tableau de ces rapports, on y remarque non seulement une constance spécifique, si l'on peut s'exprimer ainsi, entre telle forme de tel organe et telle autre forme d'un organe différent ; mais l'on aperçoit aussi une constance classique et une gradation correspondante dans le développement de ces deux organes, qui montrent, presque aussi bien qu'un raisonnement effectif, leur influence mutuelle.

Par exemple, le système dentaire des animaux à sabots, non ruminans, est en général plus parfait que celui des animaux à pieds fourchus ou ruminans, parce que les premiers ont des incisives ou des canines, et presque toujours des unes et des autres aux deux mâchoires ; et la structure de leur pied est en général plus compliquée, parce qu'ils ont plus de doigts, ou des ongles qui enveloppent moins les phalanges, ou plus d'os distincts au métacarpe et au métatarse, ou des os du tarse plus nombreux, ou un péroné plus distinct du tibia, ou bien enfin parce qu'ils réunissent souvent toutes ces circonstances. Il est impossible de donner des raisons de ces rapports ; mais ce qui prouve qu'ils ne sont point l'effet du hasard, c'est que toutes les fois qu'un animal à pied fourchu montre dans l'arrangement de ses dents quelque tendance à se rapprocher des animaux dont nous parlons, il montre aussi une tendance semblable dans l'arrangement de ses pieds. Ainsi les chameaux qui ont des canines, et même deux ou quatre incisives à la mâchoire supérieure, ont un os de plus au tarse, parce que leur scaphoïde n'est pas soudé au cuboïde, et des ongles très-petits avec des phalanges onguéales correspondantes. Les chevrotains, dont les canines sont très-développées, ont un péroné distinct tout le long de leur tibia, tandis que les autres pieds fourchus n'ont pour tout péroné qu'un petit os articulé au bas du tibia. Il y a donc une harmonie constante entre deux organes en apparence fort étrangers l'un à l'autre, et les gradations de leurs formes se correspondent sans interruption, même dans les cas où nous ne pouvons rendre raison de leurs rapports.

Or, en adoptant ainsi la méthode de l'observation comme un moyen supplémentaire quand la théorie nous abandonne, on arrive à des détails faits pour étonner. La moindre facette d'os, la moindre apophyse ont un caractère déterminé, relatif à la classe, à l'ordre, au genre et à l'espèce auxquels elles appartiennent, au point que toutes les fois que l'on a seulement une extrémité d'os bien conservée, on peut, avec de l'application, et en s'aidant avec un peu d'adresse de l'analogie et de la comparaison effective, déterminer toutes ces choses aussi sûrement que si l'on possédait l'animal entier. J'ai fait bien des fois l'expérience de cette méthode sur des portions d'animaux connus, avant d'y mettre entièrement ma confiance pour les fossiles; mais elle a toujours eu des succès si infaillibles, que je n'ai plus aucun doute sur la certitude des résultats qu'elle m'a donnés.

Il est vrai que j'ai joui de tous les secours qui pouvaient m'être nécessaires, et que ma position heureuse et une recherche assidue pendant près de trente ans m'ont procuré des squelettes de tous les genres et sous-genres de quadrupèdes, et même de beaucoup d'espèces dans certains genres, et de plusieurs individus dans quelques espèces. Avec de tels moyens il m'a été aisé de multiplier mes comparaisons, et de vérifier dans tous leurs détails les applications que je faisais de mes lois.

Nous ne pouvons traiter plus au long de cette méthode, et nous sommes obligés de renvoyer à la grande anatomie comparée que nous ferons bientôt paraître, et où l'on en trouvera toutes les règles. Cependant un lecteur intelligent pourra déjà en abstraire un grand nombre de l'ouvrage sur les os fossiles, s'il prend la peine de suivre toutes les applications que nous y en avons faites. Il verra que c'est par cette méthode seule que nous nous sommes dirigés, et qu'elle nous a presque toujours suffi pour rapporter chaque os à son espèce, quand il était d'une espèce vivante ; à son genre, quand il était d'une espèce inconnue ; à son ordre, quand il était d'un genre nouveau ; à sa classe enfin, quand il appartenait à un ordre non encore établi ; et pour lui assigner, dans ces trois derniers cas, les caractères propres à le distinguer des ordres, des genres ou des espèces les plus semblables. Les naturalistes n'en faisaient pas davantage, avant nous, pour des animaux entiers. C'est ainsi que nous avons déterminé et classé les restes de plus de cent cinquante mammifères ou quadrupèdes ovipares (1).

---

(1) [Tout ce chapitre, et notamment les phrases qui le terminent, font connaître clairement et la valeur et les limites du principe de la détermination des ossemens fos-

Tableaux des résultats généraux de ces recherches.

Considérés par rapport aux espèces, plus de quatre-vingt-dix de ces animaux sont bien certainement inconnus jusqu'à ce jour des natura-

---

siles, fondé sur celui de la corrélation des formes dans les êtres organisés. Mon oncle n'a rien avancé ici que n'ait depuis confirmé l'expérience de tous les jours; et on peut dire que si de tels principes étaient faux, non seulement il faudrait renoncer à la détermination des espèces fossiles, mais que celle même des espèces vivantes deviendrait impossible, puisque pour elles également on ne peut procéder que par la comparaison des individus nouveaux avec d'autres déjà connus.

Néanmoins un savant professeur de Paris, M. de Blainville, a cru trouver récemment, dans de prétendues erreurs que mon oncle aurait commises sur la classification de deux animaux anciens, le mégathérium et le dinothérium, des motifs de mettre en question l'efficacité de ce principe. Nul doute que les progrès de la science ne doivent compléter un jour, et rectifier au besoin, les notions qu'il a été possible à mon oncle de donner sur un certain nombre d'animaux fossiles; mais cela ne prouvera pas plus contre le principe de leur détermination, que les rectifications que l'on peut avoir à faire aux calculs d'un grand géomètre ne prouvent contre les méthodes de la science mathématique.

Est-il d'ailleurs bien certain que le mégathérium n'ait pas avec les paresseux et les fourmiliers l'affinité que

listes ; onze ou douze ont une ressemblance si absolue avec des espèces connues, que l'on ne peut guère conserver de doute sur leur identité ;

---

mon oncle avait reconnue? Le savant professeur croit pouvoir en faire de préférence un animal voisin des tatous. Mais on sait aujourd'hui que cette grande carapace, que M. de Blainville attribue au mégathérium, et qui lui paraît une si forte démonstration de la place de cet animal parmi les tatous, appartient véritablement à un genre de tatou fossile gigantesque, découvert également dans l'Amérique du sud, et que M. Owen a désigné sous le nom de *glyptodon*. Déjà cependant, avant cette découverte, on pouvait douter de l'exactitude de l'attribution faite par M. de Blainville; car les vertèbres lombaires du mégathérium sont totalement dépourvues de ces apophyses qui surmontent, dans les tatous, leurs apophyses articulaires, et qui servent à supporter leur carapace. Je puis encore donner comme une nouvelle preuve de l'affinité établie par mon oncle, celle qui résulte de pièces qu'il n'a point possédées, et notamment des détails du carpe et du tarse. Ici l'affinité est telle, que l'on peut dire que la forme de chacun des os de ces parties est un composé de celles des paresseux et des fourmiliers. Je citerai plus particulièrement l'exemple de l'astragale et du scaphoïde. Le rebord interne de la poulie tibiale de l'astragale a presque aussi complétement disparu que dans l'aï; son rebord externe n'est pas dirigé d'arrière en avant et dans le sens du pro-

les autres présentent, avec des espèces connues, beaucoup de traits de ressemblance; mais la comparaison n'a pu encore en être faite d'une

---

longement du calcanéum, comme dans tous les autres animaux; mais il est oblique de dehors en dedans, de sorte que le mouvement du pied sur la jambe ne pouvait se faire qu'obliquement, comme dans les paresseux. La facette scaphoïdienne de l'astragale est creusée à sa moitié supérieure d'une fosse dans laquelle s'enfonce un mamelon du scaphoïde; le reste de la facette se compose dans l'un et l'autre os d'une demi-couronne circulaire, de sorte que les métatarsiens que ces os supportaient devaient tourner sur eux comme sur un pivot. Cette disposition existe également dans les paresseux et les fourmiliers, mais on ne la retrouve nullement dans les tatous.

Quant au dinothérium dont le savant professeur recommande aux paléontologistes d'avoir fréquemment l'exemple présent à la pensée comme celui d'une grande erreur (*), je ne saurais m'empêcher de leur donner le même conseil, mais pour qu'ils y trouvent au contraire un exemple de cette marche réservée dont mon oncle donne le précepte dans ce discours. En effet, les seuls fragmens qu'il possédât, et qui ne contenaient que des dents séparées, ne lui donnaient pas les caractères génériques de cet animal; il s'est contenté d'en rechercher et d'en éta-

(*) Comptes rendus des séances de l'Académie des sciences. 1839.

manière assez scrupuleuse pour lever tous les doutes.

Considérés par rapport aux genres, sur les

---

blir les affinités, et il n'a pu déterminer avec quelque rigueur que l'ordre auquel il appartient. Depuis lors le genre a été bien caractérisé par M. Kaup, quand de belles et nombreuses pièces ont fait connaître et la position toute particulière de la dent à trois collines, qui, au lieu d'être la dernière comme dans les autres pachydermes, se trouve l'antépénultième, et surtout la singulière disposition des dents incisives de la mâchoire inférieure qui sont renversées la pointe en bas. Cette disposition singulière est de celles pour lesquelles, comme le dit mon oncle, « *la connaissance théorique des rapports des formes ne suffit point, et où il faut suppléer au défaut de la théorie par le moyen de l'observation.* »

Mais le genre mieux connu a-t-il renversé les inductions qui établissent sa place dans l'ordre des pachydermes? Pas plus ici que pour le mégathérium je ne saurais l'admettre. M. de Blainville croit devoir faire du dinothérium un cétacé herbivore, plus ou moins aquatique ; mais les raisons qu'il en donne sont loin de suffire. Le seul crâne que l'on en possède offre de grandes analogies de structure avec celui des éléphans, et il en offrirait davantage pour les formes s'il n'eût été écrasé de haut en bas par le sable au milieu duquel il était enseveli. A la vérité, tandis que les éléphans et surtout les mastodontes, avec lesquels le

quatre-vingt-dix espèces inconnues, il y en a près de soixante qui appartiennent à des genres nouveaux : les autres espèces se rapportent à des genres ou sous-genres connus.

Il n'est pas inutile de considérer aussi ces animaux par rapport aux classes et aux ordres auxquels ils appartiennent.

Sur les cent cinquante espèces, un quart environ sont des quadrupèdes ovipares, et toutes les autres des mammifères. Parmi celles-ci, plus de la moitié appartiennent aux animaux à sabot non ruminans.

---

dinothérium a de grands rapports pour les molaires, ont deux défenses à la mâchoire supérieure, celui-ci a les siennes implantées dans la mâchoire inférieure et renversées la pointe en bas. Mais cette circonstance d'organisation ne justifierait pas l'exclusion de cet animal de l'ordre des pachydermes ; ce même ordre offre déjà une anomalie de même nature dans le babiroussa, qui a, par une disposition plus étrange peut-être que la précédente, ses canines supérieures tournées la pointe en haut, et se faisant jour à travers l'épaisseur de la lèvre.

Il faut donc au moins attendre, pour décider de la place du dinothérium parmi les cétacés, que l'on ait trouvé quelques unes des pièces de ses extrémités.]

Fréd. Cuv.

Toutefois il serait encore prématuré d'établir sur ces nombres aucune conclusion relative à la théorie de la terre, parce qu'ils ne sont point en rapport nécessaire avec les nombres des genres ou des espèces qui peuvent être enfouis dans nos couches. Ainsi l'on a beaucoup plus recueilli d'os de grandes espèces, qui frappent davantage les ouvriers, tandis que ceux des petites sont ordinairement négligés, à moins que le hasard ne les fasse tomber dans les mains d'un naturaliste, ou que quelque circonstance particulière, comme leur abondance extrême en certains lieux, n'attire l'attention du vulgaire.

Rapports des espèces avec les couches.

Ce qui est le plus important, ce qui fait même l'objet le plus essentiel de tout mon travail, et établit sa véritable relation avec la théorie de la terre, c'est de savoir dans quelles couches on trouve chaque espèce, et s'il y a quelques lois générales relatives, soit aux subdivisions zoologiques, soit au plus ou moins de ressemblance des espèces avec celles d'aujourd'hui.

Les lois reconnues à cet égard sont très-belles et très-claires.

Premièrement, il est certain que les quadrupèdes ovipares paraissent beaucoup plus tôt que les vivipares; qu'ils sont même plus abondans, plus forts, plus variés dans les anciennes couches qu'à la surface actuelle du globe.

Les ichthyosaurus, les plesiosaurus, plusieurs tortues, plusieurs crocodiles sont au dessous de la craie dans les terrains dits communément du Jura. Les monitors de Thuringe seraient plus anciens encore si, comme le pense l'Ecole de Werner, les schistes cuivreux qui les recèlent au milieu de tant de sortes de poissons que l'on croit d'eau douce, sont au nombre des plus anciens lits du terrain secondaire. Les immenses sauriens et les grandes tortues de Maëstricht sont dans la formation crayeuse même; mais ce sont des animaux marins.

Cette première apparition d'ossemens fossiles semble donc déjà annoncer qu'il existait des terres sèches et des eaux douces avant la formation de la craie; mais, ni à cette époque ni pendant que la craie s'est formée, ni même longtemps depuis, il ne s'est point incrusté d'ossemens de mammifères terrestres, ou du moins le petit nombre de ceux que l'on allègue ne forme qu'une exception presque sans conséquence (1).

Nous commençons à trouver des os de mammifères marins, c'est-à-dire de lamantins et de phoques, dans le calcaire coquillier grossier qui recouvre la craie dans nos environs ; mais il n'y a encore aucun os de mammifère terrestre.

Malgré les recherches les plus suivies, il m'a été impossible de découvrir aucune trace distincte de cette classe avant les terrains déposés sur le calcaire grossier : des lignites et des molasses en recèlent à la vérité ; mais je doute beaucoup que ces terrains soient tous, comme on le croit, antérieurs à ce calcaire ; les lieux où ils ont fourni des os sont trop limités, trop peu nombreux, pour que l'on ne soit pas obligé de supposer quelque irrégularité ou quelque retour dans leur formation (2). Au contraire, aussitôt

(1) Les mâchoires d'un animal de la famille des didelphes paraissent avoir été trouvées dans l'oolithe des environs d'Oxford. Si ce gisement se vérifie, ce sera la plus ancienne espèce de mammifères qui ait laissé des vestiges. Voyez à ce sujet les Mémoires de MM. Buckland, Constant Prévost, etc.

(2) M. Robert, jeune naturaliste de Paris, vient de trouver à Nanterre des os de lophiodon et d'anoplothérium

qu'on est arrivé aux terrains qui surmontent le calcaire grossier, les os d'animaux terrestres se montrent en grand nombre.

Ainsi, comme il est raisonnable de croire que les coquilles et les poissons n'existaient pas à l'époque de la formation des terrains primordiaux, l'on doit croire aussi que les quadrupèdes ovipares ont commencé avec les poissons, et dès les premiers temps qui ont produit des terrains secondaires ; mais que les quadrupèdes terrestres ne sont venus, du moins en nombre considérable, que long-temps après, et lorsque les calcaires grossiers qui contiennent déjà la plupart de nos genres de coquilles, quoique en espèces différentes des nôtres, eurent été déposés.

Il est à remarquer que ces calcaires grossiers, ceux dont on se sert à Paris pour bâtir, sont les derniers bancs qui annoncent un séjour long et tranquille de la mer sur nos continens. Après eux l'on trouve bien encore des terrains remplis de coquilles et d'autres produits de la mer; mais ce sont des terrains meubles, des

---

leporinum dans des couches qui paraissent appartenir au alcaire grossier lui-même.

sables, des marnes, des grès, des argiles, qui indiquent plutôt des transports plus ou moins tumultueux qu'une précipitation tranquille; et, s'il y a quelques bancs pierreux et réguliers un peu considérables au dessous ou au dessus de ces terrains de transport, ils donnent généralement des marques d'avoir été déposés dans l'eau douce.

Presque tous les os connus de quadrupèdes vivipares sont donc, ou dans ces terrains d'eau douce, ou dans ces terrains de transport, et par conséquent il y a tout lieu de croire que ces quadrupèdes n'ont commencé à exister, ou du moins à laisser de leurs dépouilles dans les couches que nous pouvons sonder, que depuis l'avant-dernière retraite de la mer, et pendant l'état de choses qui a précédé sa dernière irruption.

Mais il y a aussi un ordre dans la disposition de ces os entre eux, et cet ordre annonce encore une succession très-remarquable entre leurs espèces.

D'abord tous les genres inconnus aujourd'hui, les palæothériums, les anoplothériums, etc., sur le gisement desquels on a des notions certaines, appartiennent aux plus anciens des terrains dont il est question ici, à ceux qui reposent immédiatement sur le calcaire grossier (1). Ce sont eux principalement qui remplissent les bancs réguliers déposés par les eaux douces ou certains lits de transport, très-anciennement formés, composés en général de sables et de cailloux roulés, et qui étaient peut-être les premières alluvions de cet ancien monde. On trouve aussi avec eux quelques espèces perdues de genres connus, mais en petit nombre, et quelques quadrupèdes ovipares et poissons qui paraissent tous d'eau douce. Les lits qui les recèlent sont toujours plus ou moins recouverts par des lits de transport remplis de coquilles et d'autres produits de la mer.

Les plus célèbres des espèces inconnues, qui appartiennent à des genres connus ou à des genres très-voisins de ceux que l'on connaît, comme les éléphans, les rhinocéros, les hippopotames, les mastodontes fossiles, ne se trouvent point avec ces genres plus anciens. C'est dans

---

(1) Quelquefois au calcaire grossier lui-même, comme je viens de le dire pour le lophiodon et l'anoplothérium leporinum.

les seuls terrains de transport qu'on les découvre, tantôt avec des coquilles de mer, tantôt avec des coquilles d'eau douce, mais jamais dans des bancs pierreux réguliers. Tout ce qui se trouve avec ces espèces est ou inconnu comme elles, ou au moins douteux.

Enfin les os d'espèces qui paraissent les mêmes que les nôtres ne se déterrent que dans les derniers dépôts d'alluvions formés sur les bords des rivières, ou sur les fonds d'anciens étangs ou marais desséchés, ou dans l'épaisseur des couches de tourbes, ou dans les fentes et cavernes de quelques rochers, ou enfin à peu de distance de la superficie dans des endroits où ils peuvent avoir été enfouis par des éboulemens ou par la main des hommes; et leur position superficielle fait que ces os, les plus récens de tous, sont aussi, presque toujours, les moins bien conservés.

Il ne faut pas croire cependant que cette classification des divers gisemens soit aussi nette que celle des espèces, ni qu'elle porte un caractère de démonstration comparable : il y a des raisons nombreuses pour qu'il n'en soit pas ainsi.

D'abord toutes mes déterminations d'espèces ont été faites sur les os eux-mêmes, ou sur de bonnes figures ; il s'en faut, au contraire, beaucoup que j'aie observé par moi-même tous les lieux où ces os ont été découverts. Très-souvent j'ai été obligé de m'en rapporter à des relations vagues, ambiguës, faites par des personnes qui ne savaient pas bien elles-mêmes ce qu'il fallait observer : plus souvent encore je n'ai point trouvé de renseignemens du tout.

Secondement, il peut y avoir à cet égard infiniment plus d'équivoque qu'à l'égard des os eux-mêmes. Le même terrain peut paraître récent dans les endroits où il est superficiel, et ancien dans ceux où il est recouvert par les bancs qui lui ont succédé. Des terrains anciens peuvent avoir été transportés par des inondations partielles, et avoir couvert des os récens ; ils peuvent s'être éboulés sur eux et les avoir enveloppés et mêlés avec les productions de l'ancienne mer qu'ils recélaient auparavant ; des os anciens peuvent avoir été lavés par des eaux, et ensuite repris par des alluvions récentes ; enfin des os récens peuvent être tombés dans les fentes ou les cavernes d'anciens rochers, et y avoir été enveloppés par des stalactites ou d'autres incrustations. Il faudrait dans chaque cas analyser et apprécier toutes ces circonstances, qui peuvent masquer aux yeux la véritable origine des fossiles ; et rarement les personnes qui ont recueilli des os se sont-elles doutées de cette nécessité, d'où il résulte que les véritables caractères de leur gisement ont presque toujours été négligés ou méconnus.

En troisième lieu, il y a quelques espèces douteuses qui altéreront plus ou moins la certitude des résultats aussi long-temps qu'on ne sera pas arrivé à des distinctions nettes à leur égard ; ainsi les chevaux, les buffles, qu'on trouve avec les éléphans, n'ont point encore de caractères spécifiques particuliers ; et les géologistes qui ne voudront pas adopter mes différentes époques pour les os fossiles, pourront en tirer encore pendant bien des années un argument d'autant plus commode, que c'est dans mon livre qu'ils le prendront.

Mais, tout en convenant que ces époques sont susceptibles de quelques objections pour les personnes qui considéreront avec légèreté quelque cas particulier, je n'en suis pas moins persuadé que celles qui embrasseront l'ensemble des phénomènes ne seront point arrêtées par ces petites difficultés partielles, et reconnaîtront avec moi qu'il y a eu au moins une et très-probablement deux successions dans la classe des quadrupèdes avant celle qui peuple aujourd'hui la surface de nos contrées.

Ici je m'attends encore à une autre objection, et même on me l'a déjà faite.

Les espèces perdues ne sont pas des variétés des espèces vivantes.

Pourquoi les races actuelles, me dira-t-on, ne seraient-elles pas des modifications de ces races anciennes que l'on trouve parmi les fossiles, modifications qui auraient été produites par les circonstances locales et le changement de climat, et portées à cette extrême différence par la longue succession des années ?

Cette objection doit surtout paraître forte à ceux qui croient à la possibilité indéfinie de l'altération des formes dans les corps organisés, et qui pensent qu'avec des siècles et des habitudes toutes les espèces pourraient se changer les unes dans les autres, ou résulter d'une seule d'entre elles.

Cependant on peut leur répondre, dans leur

propre système, que si les espèces ont changé par degrés, on devrait trouver des traces de ces modifications graduelles ; qu'entre le palæothérium et les espèces d'aujourd'hui l'on devrait découvrir quelques formes intermédiaires, et que jusqu'à présent cela n'est point arrivé.

Pourquoi les entrailles de la terre n'ont-elles point conservé les monumens d'une généalogie si curieuse, si ce n'est parce que les espèces d'autrefois étaient aussi constantes que les nôtres, ou du moins parce que la catastrophe qui les a détruites ne leur a pas laissé le temps de se livrer à leurs variations ?

Quant aux naturalistes qui reconnaissent que les variétés sont restreintes dans certaines limites fixées par la nature, il faut, pour leur répondre, examiner jusqu'où s'étendent ces limites, recherche curieuse, fort intéressante en elle-même sous une infinité de rapports, et dont on s'est cependant bien peu occupé jusqu'ici.

Cette recherche suppose la définition de l'espèce qui sert de base à l'usage que l'on fait de ce mot, savoir que l'espèce comprend *les individus qui descendent les uns des autres, ou de parens communs, et ceux qui leur ressemblent au-*

tant qu'ils se ressemblent entre eux. Ainsi nous n'appelons variétés d'une espèce que les races plus ou moins différentes qui peuvent en être sorties par la génération. Nos observations sur les différences entre les ancêtres et les descendans sont donc pour nous la seule règle raisonnable; car toute autre rentrerait dans des hypothèses sans preuves.

Or, en prenant ainsi la *variété*, nous observons que les différences qui la constituent dépendent de circonstances déterminées, et que leur étendue augmente avec l'intensité de ces circonstances.

Ainsi les caractères les plus superficiels sont les plus variables; la couleur tient beaucoup à la lumière; l'épaisseur du poil à la chaleur; la grandeur à l'abondance de la nourriture : mais, dans un animal sauvage, ces variétés mêmes sont fort limitées par le naturel de cet animal, qui ne s'écarte pas volontiers des lieux où il trouve, au degré convenable, tout ce qui est nécessaire au maintien de son espèce, et qui ne s'étend au loin qu'autant qu'il y trouve aussi la réunion de ces conditions. Ainsi, quoique le loup et le renard habitent depuis la zone torride jusqu'à la zone glaciale, à peine éprouvent-ils, dans cet immense intervalle, d'autre variété qu'un peu plus ou un peu moins de beauté dans leur fourrure. J'ai comparé des crânes de renards du Nord et de renards d'Égypte avec ceux des renards de France, et je n'y ai trouvé que des différences individuelles.

Ceux des animaux sauvages qui sont retenus dans des espaces plus limités, varient bien moins encore, surtout les carnassiers. Une crinière plus fournie fait la seule différence entre l'hyène de Perse et celle de Maroc.

Les animaux sauvages herbivores éprouvent un peu plus profondément l'influence du climat, parce qu'il s'y joint celle de la nourriture, qui vient à différer quant à l'abondance et quant à la qualité. Ainsi, les éléphans seront plus grands dans telle forêt que dans telle autre; ils auront des défenses un peu plus longues dans les lieux où la nourriture sera plus favorable à la formation de la matière de l'ivoire; il en sera de même des rennes, des cerfs, par rapport à leur bois : mais que l'on prenne les deux élephans les plus dissemblables, et que l'on voie s'il y a la moindre différence dans le nombre ou les articulations des os, dans la structure de leurs dents, etc.

D'ailleurs, les espèces herbivores, à l'état sauvage, paraissent plus restreintes que les carnassières dans leur dispersion, parce que le changement des espèces végétales se joint à la température pour les arrêter.

La nature a soin aussi d'empêcher l'altération des espèces, qui pourrait résulter de leur mélange, par l'aversion mutuelle qu'elle leur a donnée. Il faut toutes les ruses, toute la puissance de l'homme pour faire contracter ces unions, même à celles qui se ressemblent le plus, et quand les produits sont féconds, ce qui est très-rare, leur fécondité ne va point au-delà de quelques générations, et n'aurait probablement pas lieu sans la continuation des soins qui l'ont excitée. Aussi ne voyons-nous pas dans nos bois d'individus intermédiaires entre le lièvre et le lapin, entre le cerf et le daim, entre la marte et la fouine.

Mais l'empire de l'homme altère cet ordre; il développe toutes les variations dont le type de chaque espèce est susceptible, et en tire des produits que ces espèces, livrées à elles-mêmes, n'auraient jamais donnés.

Ici le degré des variations est encore proportionné à l'intensité de leur cause, qui est l'esclavage.

Il n'est pas très-élevé dans les espèces demi-domestiques, comme le chat. Des poils plus doux, des couleurs plus vives, une taille plus ou moins forte, voilà tout ce qu'il éprouve; mais le squelette d'un chat d'Angora ne diffère en rien de constant de celui d'un chat sauvage.

Dans les herbivores domestiques, que nous transportons en toutes sortes de climats, que nous assujétissons à toutes sortes de régimes, auxquels nous mesurons diversement le travail et la nourriture, nous obtenons des variations plus grandes, mais encore toutes superficielles : plus ou moins de taille, des cornes plus ou moins longues, qui manquent quelquefois entièrement; une loupe de graisse plus ou moins forte sur les épaules, forment les différences des bœufs; et ces différences se conservent long-temps, même dans les races transportées hors du pays où elles se sont formées, quand on a soin d'en empêcher le croisement.

De cette nature sont aussi les innombrables variétés des moutons qui portent principalement sur la laine, parce que c'est l'objet auquel l'homme a donné le plus d'attention : elles sont un peu moindres, quoique encore très-sensibles, dans les chevaux.

En général, les formes des os varient peu ; leurs connexions, leurs articulations, la forme des grandes dents molaires ne varient jamais.

Le peu de développement des défenses dans le cochon domestique, la soudure de ses ongles dans quelques unes de ses races, sont l'extrême des différences que nous avons produites dans les herbivores domestiques.

Les effets les plus marqués de l'influence de l'homme se montrent sur l'animal dont il a fait le plus complétement la conquête, sur le chien, cette espèce tellement dévouée à la nôtre, que les individus mêmes semblent nous avoir sacrifié leur moi, leur intérêt, leur sentiment propre. Transportés par les hommes dans tout l'univers, soumis à toutes les causes capables d'influer sur leur développement, assortis dans leurs unions au gré de leurs maîtres, les chiens varient pour la couleur, pour l'abondance du poil, qu'ils perdent même quelquefois entièrement; pour sa nature ; pour la taille qui peut différer comme un à cinq dans les dimensions linéaires, ce qui fait plus du centuple de la masse ; pour la forme des oreilles, du nez, de la queue ; pour la hauteur relative des jambes ; pour le développement progressif du cerveau dans les variétés domestiques, d'où résulte la forme même de leur tête, tantôt grêle, à museau effilé, à front plat, tantôt à museau court, à front bombé ; au point que les différences apparentes d'un mâtin et d'un barbet, d'nn lévrier et d'un doguin, sont plus fortes que celles d'aucunes espèces sauvages d'un même genre naturel ; enfin, et ceci est le maximum de variation connu jusqu'à ce jour dans le règne animal, il y a des races de chiens qui ont un doigt de plus au pied de derrière avec les os du tarse correspondans, comme il y a, dans l'espèce humaine, quelques familles sexdigitaires.

Mais dans toutes ces variations les relations des os restent les mêmes, et jamais la forme des dents ne change d'une manière appréciable ; tout au plus y a-t-il quelques individus où il se développe une fausse molaire de plus, soit d'un côté soit de l'autre (1).

---

(1) Voyez le Mémoire de mon frère sur les variétés des

Il y a donc, dans les animaux, des caractères qui résistent à toutes les influences, soit naturelles, soit humaines, et rien n'annonce que le temps ait, à leur égard, plus d'effet que le climat et la domesticité.

Je sais que quelques naturalistes comptent beaucoup sur les milliers de siècles qu'ils accumulent d'un trait de plume ; mais dans de semblables matières nous ne pouvons guères juger de ce qu'un long temps produirait, qu'en multipliant par la pensée ce que produit un temps moindre. J'ai donc cherché à recueillir les plus anciens documens sur les formes des animaux, et il n'en existe point qui égalent, pour l'antiquité et pour l'abondance, ceux que nous fournit l'Égypte. Elle nous offre, non seulement des images, mais les corps des animaux eux-mêmes embaumés dans ses catacombes.

J'ai examiné avec le plus grand soin les figures d'animaux et d'oiseaux gravées sur les nom-

---

chiens, qui est inséré dans les Annales du Muséum d'histoire naturelle. Ce travail a été exécuté à ma prière avec les squelettes que j'ai fait préparer exprès de toutes les variétés de chien.

breux obélisques venus d'Égypte dans l'ancienne Rome. Toutes ces figures sont, pour l'ensemble, qui seul a pu être l'objet de l'attention des artistes, d'une ressemblance parfaite avec les espèces telles que nous les voyons aujourd'hui.

Chacun peut examiner les copies qu'en donnent Kirker et Zoega : sans conserver la pureté de trait des originaux, elles offrent encore des figures très-reconnaissables. On y distingue aisément l'ibis, le vautour, la chouette, le faucon, l'oie d'Égypte, le vanneau, le râle de terre, la vipère haje ou l'aspic, le céraste, le lièvre d'Égypte avec ses longues oreilles, l'hippopotame même ; et dans ces nombreux monumens gravés dans le grand ouvrage sur l'Égypte, on voit quelquefois les animaux les plus rares, l'algazel, par exemple, qui n'a été vu en Europe que depuis quelques années (1).

Mon savant collègue, M. Geoffroy Saint-Hilaire, pénétré de l'importance de cette recher-

---

(1) La première image que l'on en ait d'après nature est dans la Description de la Ménagerie, par mon frère : on le voit parfaitement représenté, Description de l'Égypte. Antiq., tom. IV, pl. XLIX.

che, a eu soin de recueillir dans les tombeaux et dans les temples de la Haute et de la Basse-Égypte le plus qu'il a pu de momies d'animaux. Il a rapporté des chats, des ibis, des oiseaux de proie, des chiens, des singes, des crocodiles, une tête de bœuf, embaumés; et l'on n'aperçoit certainement pas plus de différence entre ces êtres et ceux que nous voyons, qu'entre les momies humaines et les squelettes d'hommes d'aujourd'hui (1). On pouvait en trouver entre les momies d'ibis et l'ibis tel que le décrivaient jusqu'à ce jour les naturalistes; mais j'ai levé tous les doutes dans un mémoire sur cet oiseau (2), où j'ai montré qu'il est encore maintenant le même que du temps des Pharaons. Je sais bien que je ne cite là que des individus de deux ou trois mille ans; mais c'est toujours remonter aussi haut que possible.

Il n'y a donc, dans les faits connus, rien qui

---

(1) Voyez sur les variétés des crocodiles la note du tom. II, p. 31, de mon Règne Animal. deuxième édition.

(2) [Voyez ce mémoire, avec les planches qui l'accompagnent, dans les Recherc. sur les ossemens fossiles, 2e et 3e éd. in-4, t. I, p. CXLI, et 4e éd. in-8, 1834, t. I, p. 418.]

puisse appuyer le moins du monde l'opinion que les genres nouveaux que j'ai découverts ou établis parmi les fossiles, non plus que ceux qui l'ont été par d autres naturalistes, les *palæothériums*, les *anoplothériums*, les *mégalonyx*, les *mastodonte*, les *ptérodactyles*, les *ichthyosaurus*, *etc.*, aient pu être les souches dequelques uns des animaux d'aujonrd'hui, lesquels n'en différeraient que par l'influence du temps ou du climat; et quand il serait vrai (ce que je suis loin encore de croire) que les éléphans, les rhinocéros, les cerfs gigantesques, les ours fossiles ne diffèrent pas plus de ceux d'àprésent que les races des chiens ne diffèrent entre elles, on ne pourrait pas conclure de là l'identité d'espèces, parce que les races des chiens ont été soumises à l'influence de la domesticité que ces autres animaux n'ont ni subie ni pu subir.

Au reste, lorsque je soutiens que les bancs pierreux contiennent les os de plusieurs genres, et les couches meubles ceux de plusieurs espèces qui n'existent plus, je ne prétends pas qu'il ait fallu une création nouvelle pour produire les espèces aujourd'hui existantes; je dis seulement qu'elles n'existaient pas dans les lieux où on les voit à présent, et qu'elles ont dû y venir d'ailleurs.

Supposons, par exemple, qu'une grande irruption de la mer couvre d'un amas de sables ou d'autres débris le continent de la Nouvelle-Hollande : elle y enfouira les cadavres des kanguroos, des phascolomes, des dasyures, des péramèles, des phalangers volans, des échidnés et des ornithorinques, et elle détruira entièrement les espèces de tous ces genres puisque aucun d'eux n'existe maintenant en d'autres pays.

Que cette même révolution mette à sec les petits détroits multipliés qui séparent la Nouvelle-Hollande du continent de l'Asie, elle ouvrira un chemin aux éléphans, aux rhinocéros, aux buffles, aux chevaux, aux chameaux, aux tigres, et à tous les autres quadrupèdes asiatiques, qui viendront peupler une terre où ils auront été auparavant inconnus.

Qu'ensuite un naturaliste, après avoir bien étudié toute cette nature vivante, s'avise de fouiller le sol sur lequel il vit, il y trouvera des restes d'êtres tout différens.

Ce que la Nouvelle-Hollande serait, dans la supposition que nous venons de faire, l'Europe, la Sibérie, une grande partie de l'Amérique, le sont effectivement; et peut-être trouvera-t-on un jour, quand on examinera les autres contrées et la Nouvelle-Hollande elle-même, qu'elles ont toutes éprouvé des révolutions semblables, je dirais presque des échanges mutuels de productions; car, poussons la supposition plus loin, après ce transport des animaux asiatiques dans la Nouvelle-Hollande, admettons une seconde révolution qui détruise l'Asie, leur patrie primitive : ceux qui les observeraient dans la Nouvelle-Hollande, leur seconde patrie, seraient tout aussi embarrassés de savoir d'où ils seraient venus, qu'on peut l'être maintenant pour trouver l'origine des nôtres.

J'applique cette manière de voir à l'espèce humaine.

Il n'y a point d'os humains fossiles.

Il est certain qu'on n'a pas encore trouvé d'os humains parmi les fossiles; et c'est une preuve de plus que les races fossiles n'étaient point des variétés, puisqu'elles n'avaient pu subir l'influence de l'homme.

Je dis que l'on n'a jamais trouvé d'os humains parmi les fossiles, bien entendu parmi les fossiles proprement dits, ou, en d'autres termes, dans les couches régulières de la surface du globe ; car dans les tourbières, dans les alluvions, comme dans les cimetières, on pourrait aussi bien déterrer des os humains que des os de chevaux ou d'autres espèces vulgaires ; il pourrait s'en trouver également dans des fentes de rocher, dans des grottes où la stalactite se serait amoncelée sur eux ; mais dans des lits qui recèlent les anciennes races, parmi les palæothériums, et même parmi les éléphans et les rhinocéros, on n'a jamais découvert le moindre ossement humain. Il n'est guère autour de Paris, d'ouvriers qui ne croient que les os dont nos plâtrières fourmillent sont en grande partie des os d'hommes ; mais comme j'ai vu plusieurs milliers de ces os, il m'est bien permis d'affirmer qu'il n'y en a jamais eu un seul de notre espèce. J'ai examiné à Pavie les groupes d'ossemens rapportés par Spallanzani, de l'île de Cérigo ; et, malgré l'assertion de cet observateur célèbre, j'affirme également qu'il n'y en a aucun dont on puisse soutenir qu'il est humain. L'*homo diluvii testis* de Scheuchzer a été replacé, dès ma première édition, à son véritable genre, qui est celui des salamandres ; et dans un examen que j'en ai fait depuis à Harlem, par la complaisance de M. Van Marum, qui m'a permis de découvrir les parties cachées dans la pierre, j'ai obtenu la preuve complète de ce que j'avais annoncé. On voit, parmi les os trouvés à Canstadt, un fragment de mâchoire et quelques ouvrages humains; mais on sait que le terrain fut remué sans précaution, et que l'on ne tint point note des diverses hauteurs où chaque chose fut découverte. Partout ailleurs les morceaux donnés pour humains se sont trouvés, à l'examen, de quelque animal, soit qu'on les ait examinés en nature ou sinplement en figures. Tout nouvellement encore on a prétendu en avoir découvert à Marseille dans une pierre long-temps négligée (1) : c'étaient des empreintes de tuyaux marins (2). Les véritables os d'hommes étaient des cadavres tombés dans des fentes ou restés en d'anciennes galeries de mines, ou enduits d'incrustations; et j'étends cette assertion jusqu'aux squelettes hu-

(1) Voyez le Journal de Marseille et des Bouches-du-Rhône, des 27 sept., 25 oct. et 1er nov. 1820.

(2) Je m'en suis assuré par les dessins que m'en a envoyés M. Cottard, aujourd'hui recteur de l'Académie d'Aix.

mains découverts à la Guadeloupe dans une roche formée de parcelles de madrépores rejetées par la mer et unies par un suc calcaire (1). Les

(1) Ces squelettes plus ou moins mutilés se trouvent près du port du Moule, à la côte nord ouest de la grande terre de la Guadeloupe, dans une espèce de glacis appuyé contre les bords escarpés de l'île, que l'eau recouvre en grande partie à la haute mer, et qui n'est qu'un tuf formé et journellement accru par les débris très-menus de coquillages et de coraux que les vagues détachent des rochers, et dont l'amas prend une grande cohésion dans les endroits qui sont plus souvent à sec. On reconnaît à la loupe que plusieurs de ces fragmens ont la même teinte rouge qu'une partie des coraux contenus dans les récifs de l'île. Ces sortes de formations sont communes dans tout l'Archipel des Antilles, où les nègres les connaissent sous le nom de *Maçonne-bon-dieu*. Leur accroissement est d'autant plus rapide, que le mouvement des eaux est plus violent. Elles ont étendu la plaine des Cayes à Saint-Domingue, dont la situation a quelque analogie avec la plage du Moule, et l'on y trouve quelquefois des débris de vases et d'autres ouvrages humains à vingt pieds de profondeur. On a fait mille conjectures, et même imaginé des événemens pour expliquer ces squelettes de la Guadeloupe; mais, d'après toutes ces circonstances, M. Moreau de Jonnès, correspondant de l'Académie des Sciences, qui a été sur les lieux, et à qui je dois tout le détail ci-dessus, pense

os humains trouvés près de Kœstriz, et indiqués par M. de Schlotheim, avaient été annoncés comme tirés de bancs très-anciens; mais

---

que ce sont simplement des cadavres de personnes qui ont péri dans quelque naufrage. Ils furent découverts en 1805 par M. Manuel Gortès y Campomanès, alors officier d'état-major, de service dans la colonie. Le général Ernouf, gouverneur, en fit extraire un avec beaucoup de peine, auquel il manquait la tête et presque toutes les extrémités supérieures : on l'avait déposé à la Guadeloupe, et on attendait d'en avoir un plus complet pour les envoyer ensemble à Paris, lorsque l'île fut prise par les Anglais. L'amiral Cochrane ayant trouvé ce squelette au quartier général, l'envoya à l'amirauté anglaise, qui l'offrit au Muséum britannique. Il est encore dans cette collection où M. Kœnig, conservateur de la partie minéralogique, l'a décrit pour les Trans. phil. de 1814, et où je l'ai vu en 1818. M. Kœnig fait observer que la pierre où il est engagé n'a point été taillée, mais qu'elle semble avoir été simplement insérée, comme un noyau distinct, dans la masse environnante. Le squelette y est tellement superficiel, qu'on a dû s'apercevoir de sa présence à la saillie de quelques uns de ses os. Ils contiennent encore des parties animales et tout leur phosphate de chaux. La gangue, toute formée de parcelles de coraux et de pierre calcaire compacte, se dissout promptement dans l'acide nitrique. M. Kœnig y a reconnu des fragmens de millepora miniacea, de quelques madrépores, et de coquilles qu'il

ce savant respectable s'est empressé de faire connaître combien cette assertion est encore sujette au doute (1). Il en est de même des objets de fabrication humaine. Les morceaux de fer trouvés à Montmartre sont des broches que les ouvriers emploient pour mettre la poudre, et qui cassent quelquefois dans la pierre (2).

---

compare à l'hélix acuta et au turbo pica. Plus nouvellement le général Donzelot a fait extraire un autre de ces squelettes que l'on voit au cabinet du roi. C'est un corps qui a les genoux reployés. Il y reste quelque peu de la mâchoire supérieure, la moitié gauche de l'inférieure, presque tout un côté du tronc et du bassin, et une grande partie de l'extrémité supérieure et de l'extrémité inférieure gauches. La gangue est sensiblement un travertin dans lequel sont enfouies des coquilles de la mer voisine, et des coquilles terrestres qui vivent encore aujourd'hui dans l'île, nommément le *bulimus guadalupensis* de Férussac.

(1) Voyez le Traité des Pétrifications de M. de Schlotheim, Gotha, 1820, pag. 57; et sa lettre dans l'Isis de 1820, huitième cahier, supplément n. 6.

(2) Il n'est pas sans doute nécessaire que je parle de ces fragmens de grès dont on a cherché à faire quelque bruit il y a quelques années (en 1824), et où l'on prétendait voir un homme et un cheval pétrifiés. Cette seule circon-

On a fait grand bruit il y quelques mois de certains fragmens humains, trouvés dans des cavernes à ossemens de nos provinces méridionales; mais il suffit qu'ils aient été trouvés dans des cavernes pour qu'ils rentrent dans la règle.

Cependant les os humains se conservent aussi bien que ceux des animaux, quand ils sont dans les mêmes circonstances. On ne remarque en Egypte nulle différence entre les momies humaines et celles de quadrupèdes. J'ai recueilli, dans les fouilles faites, il y a quelques années, dans l'ancienne église de Sainte-Geneviève, des os humains enterrés sous la première race, qui pouvaient même appartenir à quelques princes de la famille de Clovis, et qui ont encore très-bien conservé leurs formes (1). On ne voit pas dans les champs de bataille que les squelettes des

---

stance, que c'était d'un homme et d'un cheval avec leur chair et leur peau qu'ils devaient offrir la représentation, aurait dû faire comprendre à tout le monde qu'il ne pouvait s'agir que d'un jeu de la nature et non d'une pétrification véritable.

(1) Feu Fourcroy en a donné une analyse. (Annales du Muséum, tom. x, pag. 1.)

hommes soient plus altérés que ceux des chevaux, si l'on défalque l'influence de la grandeur; et nous trouvons, parmi les fossiles, des animaux aussi petits que le rat encore parfaitement conservés.

Tout porte donc à croire que l'espèce humaine n'existait point dans les pays où se découvrent les os fossiles, à l'époque des révolutions qui ont enfoui ces os; car il n'y aurait eu aucune raison pour qu'elle échappât tout entière à des catastrophes aussi générales, et pour que ses restes ne se trouvassent pas aujourd'hui comme ceux des autres animaux : mais je n'en veux pas conclure que l'homme n'existait point du tout avant cette époque. Il pouvait habiter quelques contrées peu étendues, d'où il a repeuplé la terre après ces événemens terribles; peut-être aussi les lieux où il se tenait ont-ils été entièrement abîmés, et ses os ensevelis au fond des mers actuelles, à l'exception du petit nombre d'individus qui ont continué son espèce. Quoi qu'il en soit, l'établissement de l'homme dans les pays où nous avons dit que se trouvent les fossiles d'animaux terrestres, c'est-à-dire dans la plus grande partie de l'Europe, de l'Asie et de l'A-

mérique, est nécessairement postérieure non-seulement aux révolutions qui ont enfoui ces os, mais encore à celles qui ont remis à découvert les couches qui les enveloppent, et qui sont les dernières que le globe ait subies : d'où il est clair que l'on ne peut tirer ni de ces os eux-mêmes, ni des amas plus ou moins considérables de pierres ou de terre qui les recouvrent, aucun argument en faveur de l'ancienneté de l'espèce humaine dans ces divers pays.

Preuves physiques de la nouveauté de l'état actuel des continens.

Au contraire, en examinant bien ce qui s'est passé à la surface du globe, depuis qu'elle a été mise à sec pour la dernière fois, et que les continens ont pris leur forme actuelle au moins dans leurs parties un peu élevées, l'on voit clairement que cette dernière révolution, et par conséquent l'établissement de nos sociétés actuelles ne peuvent pas être très-anciens. C'est un des résultats à la fois les mieux prouvés et les moins attendus de la saine géologie; résultat d'autant plus précieux, qu'il lie d'une chaîne non interrompue l'histoire naturelle et l'histoire civile.

En mesurant les effets produits dans un temps

donné par les causes aujourd'hui agissantes, et en les comparant avec ceux qu'elles ont produits depuis qu'elles ont commencé d'agir, l'on parvient à déterminer à peu près l'instant où leur action a commencé, lequel est nécessairement le même que celui où nos continens ont pris leur forme actuelle, ou que celui de la dernière retraite subite des eaux.

C'est en effet à compter de cette retraite que nos escarpemens actuels ont commencé à s'ébouler, et à former à leur pied des collines de debris; que nos fleuves actuels ont commencé à couler et à déposer leurs alluvions; que notre végétation actuelle a commencé à s'étendre et à produire du terreau; que nos falaises actuelles ont commencé à être rongées par la mer; que nos dunes actuelles ont commencé à être rejetées par le vent; tout comme c'est de cette même époque que des colonies humaines ont commencé ou recommencé à se répandre, et à faire des établissemens dans les lieux dont la nature l'a permis. Je ne parle point de nos volcans, non seulement à cause de l'irrégularité de leurs éruptions, mais parce que rien ne prouve qu'ils n'aient pu exister sous la mer, et qu'ainsi l'on ne peut les faire servir à la mesure du temps qui s'est écoulé depuis sa dernière retraite.

MM. Deluc et Dolomieu sont ceux qui ont le plus soigneusement examiné la marche des atterrissemens ; et, quoique fort opposés sur un grand nombre de points de la théorie de la terre, ils s'accordent sur celui-là : les atterrissemens augmentent très-vite ; ils devaient augmenter bien plus vite encore dans les commencemens, lorsque les montagnes fournissaient davantage de matériaux aux fleuves, et cependant leur étendue est encore assez bornée. Atterrissemens.

Le Mémoire de Dolomieu, sur l'Égypte (1), tend à prouver que, du temps d'Homère, la langue de terre sur laquelle Alexandre fit bâtir sa ville n'existait pas encore ; que l'on pouvait naviguer immédiatement de l'île du Phare dans le golfe appelé depuis *lac Maréotis*, et que ce golfe avait alors la longueur indiquée par Ménélas, d'environ quinze à vingt lieues. Il n'aurait donc fallu que les neuf cents ans écoulés entre Homère et Strabon pour mettre les choses dans

---

(1) Journal de Physique, tom. XLII, pag. 40 et suiv.

l'état où ce dernier les décrit, et pour réduire ce golfe à la forme d'un lac de six lieues de longueur. Ce qui est plus certain, c'est que, depuis lors, les choses ont encore bien changé. Les sables que la mer et le vent ont rejetés, ont formé, entre l'île du Phare et l'ancienne ville, une langue de terre de deux cents toises de largeur, sur laquelle la nouvelle ville a été bâtie. Ils ont obstrué la bouche du Nil la plus voisine, et réduit à peu près à rien le lac Maréotis. Pendant ce temps, les alluvions du Nil ont été déposées le long du reste du rivage, et l'ont immensément étendu.

Les anciens n'ignoraient pas ces changemens. Hérodote dit que les prêtres d'Égypte regardaient leur pays comme un présent du Nil. Ce n'est, pour ainsi dire, ajoute-t-il, que depuis peu de temps que le Delta a paru (1). Aristote fait déjà observer qu'Homère parle de Thèbes comme si elle eût été seule en Égypte, et ne fait aucune mention de Memphis (2). Les bouches canopique et pélusiaque étaient autrefois les

(1) Hérod. Euterpe, v et xv.

(2) Arist., Meteor., lib. 1, cap. 14.

principales, et la côte s'étendait en ligne droite de l'une à l'autre; elle paraît encore ainsi dans les cartes de Ptolomée; depuis lors l'eau s'est jetée dans les bouches bolbitine et phatnitique; c'est à leurs issues que se sont formés les plus grands atterrissemens qui ont donné à la côte un contour demi-circulaire. Les villes de Rosette et de Damiette, bâties au bord de la mer sur ces bouches, il y a moins de mille ans, en sont aujourd'hui à deux lieues. Selon Demaillet, il n'aurait fallu que vingt-six ans pour prolonger d'une demi-lieue un cap en avant de Rosette (1).

L'élévation du sol de l'Egypte s'opère en même temps que cette extention de sa surface, et le fond du lit du fleuve s'élève dans la même proportion que les plaines adjacentes, ce qui fait que chaque siècle l'inondation dépasse de beaucoup les marques qu'elle a laissées dans les siècles précédens. Selon Hérodote, un espace de neuf cents ans avait suffi pour établir une différence de niveau de sept à huit coudées (2). A Eléphantine, l'inondation surmonte aujourd'hui de

(1) Demaillet. Description de l'Égypte, p. 102 et 103.

(2) Hérod. Euterpe, XIII.

sept pieds les plus grandes hauteurs qu'elle atteignait sous Septime-Sévère, au commencement du troisième siècle. Au Caire, pour qu'elle soit jugée suffisante aux arrosemens, elle doit dépasser de trois pieds et demi la hauteur qui était nécessaire au neuvième siècle. Les monumens antiques de cette terre célèbre sont tous plus ou moins enfouis par leur base. Le limon amené par le fleuve couvre même de plusieurs pieds les monticules factices sur lesquels reposent les anciennes villes (1).

Le delta du Rhône n'est pas moins remarquable par ses accroissemens. Astruc en donne le détail dans son Histoire naturelle du Languedoc, et, par une comparaison soignée des descriptions

(1) Voyez les Observations sur la vallée d'Égypte et sur l'exhaussement séculaire du sol qui la recouvre, par M. Girard (grand ouvr. sur l'Égypte, ét. mod., Mém., tom. II, pag. 343). Sur quoi nous ferons encore remarquer que Dolomieu, Shaw, et d'autres auteurs respectables, estimaient ces élévations séculaires beaucoup plus haut que M. Girard. Il est fâcheux que nulle part on n'ait essayé d'examiner quelle épaisseur ont aujourd'hui ces terrains au dessus du sol primitif, du roc naturel.

de Méla, de Strabon et de Pline, avec l'état des lieux au commencement du dix-huitième siècle, il prouve, en s'appuyant de plusieurs écrivains du moyen-âge, que les bras du Rhône se sont allongés de trois lieues depuis dix-huit cents ans; que des atterrissemens semblables se sont faits à l'ouest du Rhône, et que nombre d'endroits situés encore, il y a six et huit cents ans au bord de la mer ou des étangs, sont aujourd'hui à plusieurs milles dans la terre ferme.

Chacun peut apprendre, en Hollande et en Italie, avec quelle rapidité le Rhin, le Pô, l'Arno, aujourd'hui qu'ils sont ceints par des digues, élèvent leur fond; combien leur embouchure avance dans la mer en formant de longs promontoires à ses côtés, et juger par ces faits du peu de siècles que ces fleuves ont employés pour déposer les plaines basses qu'ils traversent maintenant.

Beaucoup de villes qui, à des époques bien connues de l'histoire, étaient des ports de mer florissans, sont aujourd'hui à quelques lieues dans les terres; plusieurs même ont été ruinées par suite de ce changement de position. Venise a peine à maintenir les lagunes qui la séparent du continent, et, malgré tous ses efforts, elle sera inévitablement un jour liée à la terre ferme (1).

On sait, par le témoignage de Strabon, que du temps d'Auguste Ravenne était dans les lagunes comme y est aujourd'hui Venise; et à présent Ravenne est à une lieue du rivage. Spina avait été fondée au bord de la mer par les Grecs, et, dès le temps de Strabon, elle en était à quatre-vingt-dix stades : aujourd'hui elle est détruite. Adria en Lombardie, qui avait donné son nom à la mer dont elle était, il y a vingt et quelques siècles, le port principal, en est maintenant à six lieues. Fortis a même rendu vraisemblable qu'à une époque plus ancienne, les monts Euganéens pourraient avoir été des îles.

Mon savant confrère à l'Institut, M. de Prony, inspecteur général des ponts-et-chaussées, m'a communiqué des renseignemens bien précieux pour l'explication de ces changemens du littoral de l'Adriatique (2). Ayant été

(1) Voyez le Mém. de M. Forfait, sur les lagunes de Venise. (Mém. de la Classe physique de l'Institut, t. v, p. 213.)

(2) Extrait des Recherches de M. de Prony sur le Système hydraulique de l'Italie.

Déplacement de la partie du rivage de l'Adriatique occupée par les bouches du Pô.

La partie du rivage de l'Adriatique comprise entre les

chargé par le gouvernement d'examiner les remèdes que l'on pourrait appliquer aux dévasta-

---

extrémités méridionales du lac ou des lagunes de *Comacchio* et des lagunes de Venise, a subi, depuis les temps antiques, des changemens considérables, attestés par les témoignages des auteurs les plus dignes de foi, et que l'état actuel du sol, dans les pays situés près de ce rivage, ne permet pas de révoquer en doute; mais il est impossible de donner, sur les progrès successifs de ces changemens, des détails exacts, et surtout des mesures précises pour des époques antérieures au douzième siècle de notre ère.

On est cependant assuré que la ville de *Hatria*, actuellement *Adria*, était autrefois sur les bords de la mer; et voilà un point fixe et connu du rivage primitif, dont la plus courte distance au rivage actuel, pris à l'embouchure de l'Adige, est de vingt-cinq mille mètres (*). Les habitans de cette ville ont, sur son antiquité, des prétentions exagérées en bien des points; mais on ne peut nier qu'elle ne soit une des plus anciennes de l'Italie: elle a donné son nom à la mer qui baigna ses murs. On a reconnu, par quelques fouilles faites dans son intérieur et dans ses environs, l'existence d'une couche de terre, parsemée de

(*) On verra bientôt que la pointe du promontoire d'alluvions, formée par le Pô, est plus avancée dans la mer de dix mille mètres environ que l'embouchure de l'Adige.

tions qu'occasionent les crues du Pô, il a constaté que cette rivière, depuis l'époque où on

---

débris de poteries étrusques, sans mélange d'aucun ouvrage de fabrique romaine : l'étrusque et le romain se trouvent mêlés dans une couche supérieure, sur laquelle on a découvert les vestiges d'un théâtre; l'une et l'autre couches sont fort abaissées au dessous du sol actuel; et j'ai vu à Adria des collections curieuses, où les monumens qu'elles renferment sont classés et séparés. Le prince vice-roi, à qui je fis observer, il y a quelques années, combien il serait intéressant pour l'histoire et la géologie de s'occuper en grand du travail des fouilles d'Adria, et de déterminer les hauteurs par rapport à la mer, tant du sol primitif que des couches successives d'alluvions, goûta fort mes idées à cet égard : j'ignore si mes propositions ont eu quelque suite.

En suivant le rivage, à partir d'*Hatria*, qui était située dans le fond d'un petit golfe, on trouvait au sud un rameau de l'*Athesis* (l'Adige), et les *Fosses Philistines*, dont la trace répond à celle que pourraient avoir le Minco et le Tartaro réunis, si le Pô coulait encore au sud de Ferrare; puis venait le *Delta Venetum*, qui paraît avoir occupé la place où se trouve le lac ou la lagune de Comacchio. Ce Delta était traversé par sept bouches de l'*Eridanus*, autrement *Vadis*, *Padus* ou *Podincus*, qui avait sur sa rive gauche, au point de diramation de ces bouches, la ville de *Trigopolis*, dont la position doit être peu éloi-

l'a enfermée de digues, a tellement élevé son fond, que la surface de ses eaux est maintenant

---

gnée de celle de Ferrare. Sept lacs renfermés dans le Delta prenait le nom de *Septem Maria*, et *Hatria* est quelquefois appelée *Urbs Septem Marium*.

En remontant le rivage du côté du nord, à partir d'*Hatria*, on trouvait l'embouchure principale de l'*Athesis*, appelée aussi *Fossa Philistina*, puis l'*Æstuarium Altini*, mer intérieure, séparée de la grande par une ligne d'îlots, au milieu de laquelle se trouvait un petit archipel d'autres îlots, appelé *Rialtum ;* c'est sur ce petit archipel qu'est maintenant située Venise : l'*Æstuarium Altini* est la lagune de Venise qui ne communique plus avec la mer que par cinq passes, les îlots ayant été réunis pour former une digue continue.

A l'est des lagunes et au nord de la ville d'*Este* se trouvent les monts *Euganéens*, formant, au milieu d'une vaste plaine d'alluvions, un groupe isolé et remarquable de pitons, dans les environs duquel on place le lieu de la fameuse chute de Phaéton. Quelques auteurs prétendent que des masses énormes de matières enflammées, lancées par des explosions volcaniques dans les bouches de l'Éridan, ont donné lieu à cette fable. Il est bien vrai qu'on trouve aux environs de Padoue et de Vérone beaucoup de produits que plusieurs croient volcaniques.

Les renseignemens que j'ai recueillis sur le gisement de la côte de l'Adriatique aux bouches du Pô, commencent

plus haute que les toits des maisons de Ferrare; en même temps ses atterrissemens ont avancé

---

au douzième siècle à avoir quelque précision : à cette époque toutes les eaux du Pô coulaient au sud de Ferrare dans le *Pô di Volano* et le *Pô di Primaro*, diramations qui embrassaient l'espace occupé par la *lagune de Comacchio*. Les deux bouches dans lesquelles le Pô a ensuite fait une irruption au nord de Ferrare, se nommaient, l'une, *fiume di Corbola*, ou *di Longola*, ou *del Mazorno;* l'autre, *fiume Toi*. La première, qui était la plus septentrionale, recevait près de la mer le *Tartaro* ou canal *Bianco;* la seconde était grossie à Ariano par une dérivation du Pô, appelée *fiume Goro*.

Le rivage de la mer était dirigé sensiblement du sud au nord, à une distance de dix ou onze mille mètres du méridien d'Adria; il passait au point où se trouve maintenant l'angle occidental de l'enceinte de la *Mesola;* et *Loreo*, au nord de la Mesola, n'en était distant que d'environ deux cents mètres.

Vers le milieu du douzième siècle les grandes eaux du Pô passèrent au travers des digues qui les soutenaient du côté de leur rive gauche, près de la petite ville de *Ficarolo*, située à dix-neuf mille mètres au nord ouest de Ferrare, se répandirent dans la partie septentrionale du territoire de Ferrare et dans la Polésine de Rovigo, et coulèrent dans les deux canaux ci-dessus mentionnés de Mazorno et de Toi. Il paraît bien constaté que le travail des

dans la mer avec tant de rapidité, qu'en comparant d'anciennes cartes avec l'état actuel, on voit

---

hommes a beaucoup contribué à cette diversion des eaux du Pô : les historiens qui ont parlé de ce fait remarquable, ne diffèrent entre eux que par quelques détails. La tendance du fleuve à suivre les nouvelles routes qu'on lui avait tracées, devenant de jour en jour plus énergique, ses deux branches du *Volano* et du *Primaro* s'appauvrirent rapidement, et furent, en moins d'un siècle, réduites à peu près à l'état où elles sont aujourd'hui. Le régime du fleuve s'établissait entre l'embouchure de l'Adige et le point appelé aujourd'hui *Porto di Goro;* les deux canaux dont il s'était d'abord emparé étant devenus insuffisans, il s'en creusa de nouveaux; et au commencement du dix-septième siècle sa bouche principale, appelée *Bocco di Tramontana*, se trouvant très-rapprochée de l'embouchure de l'Adige, ce voisinage alarma les Vénitiens, qui creusèrent, en 1604, le nouveau lit appelé *Taglio di Porto Viro* ou *Pò delle Fornaci,* au moyen duquel la *Bocca Maestra* se trouva écartée de l'Adige du côté du midi.

Pendant les quatre siècles écoulés depuis la fin du douzième siècle jusqu'à la fin du seizième, les alluvions du Pô ont gagné sur la mer une étendue considérable. La bouche du nord, celle qui s'était emparée du canal de Mazorno, et formait le *Ramo di Tramontana*, était, en 1600, éloignée de vingt mille mètres du méridien d'Adria; et la bouche du Sud, celle qui avait envahi le canal Toi, était à

que le rivage a gagné plus de six mille toises depuis 1604, ce qui fait cent cinquante ou cent

---

la même époque à dix-sept mille mètres de ce méridien; ainsi le rivage se trouvait reculé de neuf ou dix mille mètres au nord, et de six ou sept mille mètres au midi. Entre les deux bouches dont je viens de parler, se trouvait une anse ou partie du rivage moins avancée, qu'on appelait *Sacca di Goro.*

Les grands travaux de diguement du fleuve, et une partie considérable des défrichemens des revers méridionaux des Alpes, ont eu lieu dans cet intervalle du treizième au dix-septième siècle.

Le Taglio di Porto Viro détermina la marche des alluvions dans l'axe du vaste promontoire que forment actuellement les bouches du Pô. A mesure que les issues à la mer s'éloignaient, la quantité annuelle de dépôts s'accroissait dans une proportion effrayante, tant par la diminution de la pente des eaux (suite nécessaire de l'allongement du lit), que par l'emprisonnement de ces eaux entre des digues, et par la facilité que les défrichemens donnaient aux torrens affluens pour entraîner dans la plaine le sol des montagnes. Bientôt l'anse de Sacca di Goro fut comblée, et les deux promontoires formés par les deux premières bouches se réunirent en un seul, dont la pointe actuelle se trouve à trente-deux ou trente-trois mille mètres du méridien d'Adria; en sorte que, pendant deux siècles,

quatre-vingts pieds, et en quelques endroits deux cents pieds par an. L'Adige et le Pô sont

---

les bouches du Pô ont gagné environ quatorze mille mètres sur la mer.

Il résulte des faits dont je viens de donner un exposé rapide : 1° qu'à des époques antiques, dont la date précise ne peut pas être assignée, la mer Adriatique baignait les murs d'Adria.

2° Qu'au douzième siècle, avant qu'on eût ouvert à Ficarolo une route aux eaux du Pô sur leur rive gauche, le rivage de la mer s'était éloigné d'Adria de neuf à dix mille mètres.

3° Que les pointes des promontoires formés par les deux principales bouches du Pô se trouvaient, en l'an 1600, avant le Taglio di Porto Viro, à une distance moyenne de dix-huit mille cinq cents mètres d'Adria, ce qui, depuis l'an 1200, donne une marche d'alluvions de vingt-cinq mètres par an.

4° Que la pointe du promontoire unique formé par les bouches actuelles, est éloignée d'environ trente-deux ou trente-trois mille mètres du méridien d'Adria : d'où on conclut une marche moyenne des alluvions d'environ soixante-dix mètres par an pendant ces deux derniers siècles, marche qui, rapportée à des époques plus éloignées, se trouverait être beaucoup plus rapide.

De Prony.

aujourd'hui plus élevés que tout le terrain qui leur est intermédiaire ; et ce n'est qu'en leur ouvrant de nouveaux lits dans les parties basses qu'ils ont déposées autrefois que l'on pourra prévenir les désastres dont ils les menacent maintenant.

Les mêmes causes ont produit les mêmes effets le long des branches du Rhin et de la Meuse, et c'est ainsi que les cantons les plus riches de la Hollande ont continuellement le spectacle effrayant de fleuves suspendus à vingt et trente pieds au dessus de leur sol.

M. Wiebeking, directeur des ponts-et-chaussées du royaume de Bavière, a écrit un Mémoire sur cette marche des choses, si importante à bien connaître pour les peuples et pour les gouvernemens, où il montre que cette propriété d'élever leur fond appartient plus ou moins à tous les fleuves.

Les atterrissemens le long des côtes de la mer du Nord n'ont pas une marche moins rapide qu'en Italie. On peut les suivre aisément en Frise et dans le pays de Groningue, où l'on connaît l'époque des premières digues construites par le gouverneur espagnol Gaspar Roblès, en 1570 Cent ans après, l'on avait déjà gagné, en quelques endroits, trois quarts de lieue de terrain en dehors de ces digues; et la ville même de Groningue, bâtie en partie sur l'ancien sol, sur un calcaire qui n'appartient point à la mer actuelle, et où l'on trouve les mêmes coquilles que dans notre calcaire grossier des environs de Paris, la ville de Groningue n'est qu'à six lieues de la mer. Ayant été sur les lieux, je puis confirmer, par mon propre témoignage, des faits d'ailleurs très-connus, et dont M. Deluc a déjà fort bien exposé la plus grande partie (1). On pourrait observer le même phénomène, et avec la même précision, tout le long des côtes de l'Ost-Frise, du pays de Brême et du Holstein, parce que l'on connaît les époques où les nouveaux terrains furent enceints pour la première fois, et que l'on peut y mesurer ce que l'on a gagné depuis.

Cette lisière, d'une admirable fertilité, formée par les fleuves et par la mer, est pour ces pays un don d'autant plus précieux, que l'ancien sol, couvert de bruyères et de tourbières, se refuse

---

(1) Dans différens endroits des deux derniers volumes de ses Lettres à la reine d'Angleterre.

presque partout à la culture ; les alluvions seules fournissent à la subsistance des villes peuplées, construites tout le long de cette côte depuis le moyen-âge, et qui ne seraient peut-être pas arrivées à ce degré de splendeur sans les riches terrains que les fleuves leur avaient préparés, et qu'ils augmentent continuellement.

Si la grandeur qu'Hérodote attribue à la mer d'Azof, qu'il fait presque égale à l'Euxin (1), était exprimée en termes moins vagues, et si l'on savait bien ce qu'il a entendu par le Gerrhus (2), nous y trouverions encore de fortes preuves des changemeus produits par les fleuves, et de leur rapidité ; car les alluvions des rivières auraient pu seules (3), depuis cette époque, c'est-à-dire

---

(1) Melpom. LXXXVI.

(2) *Ibid.*, LVI.

(3) On a aussi voulu attribuer cette diminution supposée de la mer Noire et de la mer d'Azof à la rupture du Bosphore qui serait arrivée à l'époque prétendue du déluge de Deucalion ; et cependant, pour établir le fait lui-même, on s'appuie des diminutions successives de l'étendue attribuée à ces mers dans Hérodote, dans Strabon, etc. Mais il est trop évident que si cette diminution était venue de la rupture du Bosphore, elle aurait dû être complète

depuis deux mille deux ou trois cents ans, réduire la mer d'Azof comme elle l'est, fermer le cours de ce Gerrhus, ou de cette branche du Dniéper qui se serait jetée dans l'Hypacyris, et avec lui dans le golfe Carcinites ou d'Olu-Degnitz, et réduire à peu près à rien l'Hypacyris lui-même (1). On en aurait de non moins fortes s'il était bien certain que l'Oxus ou Sihoun, qui se jette maintenant dans le lac d'Aral, tombait autrefois dans la mer Caspienne ; mais nous avons près de nous des faits assez démonstratifs pour n'en point allé-

long-temps avant Hérodote, et dès l'époque même où l'on place Deucalion.

(1) Voyez la Géographie d'Hérodote de M. Rennel, p. 56 et suivantes, et une partie de l'ouvrage de M. Dureau de Lamalle, intitulé Géographie physique de la mer Noire, etc. Il n'y a aujourd'hui que la très-petite rivière de Kamennoipost qui puisse représenter le Gerrhus et l'Hypacyris tels qu'ils sont décrits par Hérodote.

N. B. M. Dureau, p. 170, attribue à Hérodote d'avoir fait déboucher le Borysthène et l'Hypanis dans le Palus-Méotide ; mais Hérodote dit seulement (Melpom., LIII), que ces deux fleuves se jettent ensemble dans le même lac, c'est-à-dire dans le Liman, comme aujourd'hui. Hérodote n'y fait pas aller davantage le Gerrhus et l'Hypacyris.

guer d'équivoques et ne pas nous exposer à faire de l'ignorance des anciens en géographie la base de nos propositions physiques (1).

Marche des dunes.

Nous avons parlé ci-dessus des dunes ou de ces monticules de sable que la mer rejette sur les côtes basses quand son fond est sablonneux. Partout où l'industrie de l'homme n'a pas su les fixer,

(1) Par exemple, M. Dureau de Lamalle, dans sa Géographie physique de la mer Noire, cite Aristote (Meteor., l. 1, c. 13), comme « nous apprenant que de son temps il » existait encore plusieurs périodes et périples anciens » attestant qu'il y avait un canal conduisant de la mer Caspienne dans le Palus-Méotide. » Or, voici à quoi se réduisent les paroles d'Aristote à l'endroit cité (édition de Duval, 1, 545, B.) : « Du Paropamisus descendent, entre » autres rivières, le Bactrus, le Choaspes et l'Araxe, d'où » le Tanaïs, qui en est une branche, dérive dans le Palus-» Méotide. » Qui ne voit que ce galimatias, qui ne se fonde ni sur périples ni sur périodes, n'est que l'idée étrange des soldats d'Alexandre, qui prirent le Jaxarte ou Tanaïs de la Transoxiane pour le Don ou Tanaïs de la Scythie. Arrien et Pline en font la distinction; mais il paraît qu'elle n'était pas faite du temps d'Aristote. Et comment vouloir tirer des documens géologiques de pareils géographes?

ces dunes avancent dans les terres aussi irrésistiblement que les alluvions des fleuves avancent dans la mer; elles poussent devant elles des étangs formés par les eaux pluviales du terrain qu'elles bordent, et dont elles empêchent la communication avec la mer, et leur marche a dans beaucoup d'endroits une rapidité effrayante : forêts, bâtimens, champs cultivés, elles envahissent tout.

Celles du golfe de Gascogne (1) ont déjà couvert un grand nombre de villages mentionnés dans des titres du moyen-âge ; et en ce moment, dans le seul département des Landes, elles en menacent dix d'une destruction inévitable. L'un de ces villages, celui de Mimisan, lutte depuis vingt ans contre elles, et une dune de plus de soixante pieds d'élévation s'en approche, pour ainsi dire, à vue d'œil. En 1802, les étangs ont envahi cinq belles métairies dans celui de Saint-Julien (2); ils ont couvert depuis long-temps une

---

(1) Voyez le rapport sur les Dunes du golfe de Gascogne, par M. Tassin. Mont-de-Marsan, an x.

(2) Mémoire de M. Bremontier, sur la fixation des dunes.

ancienne chaussée romaine qui conduisait de Bordeaux à Bayonne, et que l'on voyait encore il y a quarante ans quand les eaux étaient basses (1). L'Adour, qui, à des époques connues, passait au vieux Boucaut et se jetait dans la mer au cap Breton, est maintenant détourné de plus de mille toises.

Feu M. Bremontier, inspecteur des ponts-et-chaussées, qui a fait de grands travaux sur les dunes, estimait leur marche à soixante pieds par an, et dans certains points à soixante-douze. Il ne leur faudrait, selon ses calculs, que deux mille ans pour arriver à Bordeaux; et, d'après leur étendue actuelle, il doit y en avoir un peu plus de quatre mille qu'elles ont commencé à se former (2).

Le recouvrement des terrains cultivables de l'Égypte par les sables stériles de la Libye qu'y jette le vent d'ouest, est un phénomène du même genre que les dunes. Ces sables ont envahi un nombre de villes et de villages dont les ruines paraissent encore, et cela depuis la conquête du

(1) Tassin, loc. cit.

(2) Voyez le Mémoire de M. Bremontier.

pays par les Mahométans, puisqu'on voit percer au travers du sable les sommités des minarets de quelques mosquées (1) : avec une marche si rapide, ils auraient sans doute rempli les parties étroites de la vallée ; s'il y avait tant de siècles qu'ils eussent commencé à y être jetés (2), il ne resterait plus rien entre la chaîne libyque et le Nil. C'est encore là un chronomètre dont il serait aussi facile qu'intéressant d'obtenir la mesure.

Les tourbières produites si généralement dans le nord de l'Europe, par l'accumulation des débris de sphagnum et d'autres mousses aquatiques, donnent aussi une mesure du temps ; elles s'élèvent dans des proportions déterminées pour chaque lieu ; elles enveloppent ainsi les petites buttes des terrains sur lesquels elles se forment ; plusieurs de ces buttes ont été enterrées de mémoire d'hommes. En d'autres endroits la tourbière descend le long des vallons ; elle avance comme les glaciers ; mais les glaciers se fondent

Tourbières et éboulemens.

(1) Denon. Voyage en Égypte.

(2) Nous pouvons citer ici tous les voyageurs qui ont parcouru la lisière occidentale de l'Égypte.

par leur bord inférieur, et la tourbière n'est arrêtée par rien : en la sondant jusqu'au terrain solide, on juge de son ancienneté, et l'on trouve, pour les tourbières comme pour les dunes, qu'elles ne peuvent remonter à une époque indéfiniment reculée. Il en est de même pour les éboulemens qui se font avec une rapidité prodigieuse au pied de tous les escarpemens, et qui sont encore bien loin de les avoir couverts ; mais, comme l'on n'a pas encore appliqué de mesures précises à ces deux sortes de causes, nous n'y insisterons pas davantage (1).

Toujours voyons-nous que partout la nature nous tient le même langage ; partout elle nous

---

(1) Ces phénomènes sont très-bien exposés dans les Lettres de M. Deluc à la reine d'Angleterre, aux endroits où il décrit les tourbières de la Westphalie ; et dans ses Lettres à Lametherie, insérées dans le Journal de physique de 1791, etc. ; ainsi que dans celles qu'il a adressées à M. Blumenbach, et que l'on a imprimées en français, en un volume. Paris, 1798. On peut y ajouter les détails pleins d'intérêt qu'il donne dans ses Voyages géologiques, tom. 1, sur les îles de la côte ouest du duché de Sleswik, et la manière dont elles ont été réunies, soit entre elles, soit avec le continent ; par des alluvions et des tourbières,

dit que l'ordre actuel des choses ne remonte pas très-haut ; et, ce qui est bien remarquable, partout l'homme nous parle comme la nature, soit que nous consultions les vraies traditions des peuples, soit que nous examinions leur état moral et politique, et le développement intellectuel qu'ils avaient atteint au moment où commencent leurs monumens authentiques.

L'histoire des peuples confirme la nouveauté des continens.

En effet, bien qu'au premier coup d'œil les traditions de quelques anciens peuples, qui reculaient leur origine de tant de milliers de siècles, semblent contredire fortement cette nouveauté du monde actuel, lorsqu'on examine de plus près ces traditions, on n'est pas long-temps à s'apercevoir qu'elles n'ont rien d'historique : on est

---

ainsi que sur les irruptions qui de temps en temps en ont détruit ou séparé quelques parties.

Quant aux éboulemens, M. Jameson, dans une note de la traduction anglaise de ce discours, en cite un exemple remarquable pris des roches escarpées dites *Salisbury-Craig*, près d'Édimbourg. Bien que d'une hauteur médiocre, leur face abrupte et verticale n'est point encore cachée par la masse de débris qui s'accumule à leur pied, et qui cependant augmente chaque année.

bientôt convaincu, au contraire, que la véritable histoire, et tout ce qu'elle nous a conservé de documens positifs sur les premiers établissemens des nations, confirme ce que les monumens naturels avaient annoncé.

La chronologie d'aucun de nos peuples d'Occident ne remonte, par un fil continu, à plus de trois mille ans. Aucun d'eux ne peut nous offrir, avant cette époque, ni même deux ou trois siècles depuis, une suite de faits liés ensemble avec quelque vraisemblance. Le nord de l'Europe n'a d'histoire que depuis sa conversion au christianisme. L'histoire de l'Espagne, de la Gaule, de l'Angleterre, ne date que des conquêtes des Romains; celle de l'Italie septentrionale, avant la fondation de Rome, est aujourd'hui à peu près inconnue. Les Grecs avouent ne posséder l'art d'écrire que depuis que les Phéniciens le leur ont enseigné, il y a trente-trois ou trente-quatre siècles; long-temps encore depuis, leur histoire est pleine de fables, et ils ne font pas remonter à trois cents ans plus haut les premiers vestiges de leur réunion en corps de peuples. Nous n'avons de l'histoire de l'Asie occidentale que quelques extraits contradictoires qui ne vont, avec un peu de suite, qu'à vingt-cinq siècles (1), et en admettant ce qu'on en rapporte de plus ancien avec quelques détails historiques, on s'élèverait à peine à quarante (2).

Le premier historien profane dont il nous reste des ouvrages, Hérodote, n'a pas deux mille trois cents ans d'ancienneté (3). Les historiens antérieurs qu'il a pu consulter ne datent pas d'un siècle avant lui (4). On peut même juger de ce qu'ils étaient par les extravagances qui nous restent, extraites d'Aristée de Proconnèse et de quelques autres.

---

(1) A Cyrus, environ six cent cinquante ans avant Jésus-Christ.

(2) A Ninus, environ deux mille trois cent quarante-huit ans avant Jésus-Christ, selon Ctésias et ceux qui l'ont suivi; mais seulement mille deux cent cinquante, selon Volney, d'après Hérodote.

(3) Hérodote vivait quatre cent quarante ans avant Jésus-Christ.

(4) Cadmus, Phérécyde, Aristée de Proconnèse, Acusilaüs, Hécatée de Milet, Charon de Lampsaque, etc., Voyez Vossius, *de Histor. græc.*, lib. 1, et surtout son quatrième livre.

Avant eux on n'avait que des poètes; et Homère, le plus ancien que l'on possède, Homère, le maître et le modèle éternel de tout l'Occident, n'a précédé notre âge que de deux mille sept cents ou deux mille huit cents ans.

Quand ces premiers historiens parlent des anciens événemens, soit de leur nation, soit des nations voisines, ils ne citent que des traditions orales et non des ouvrages publics. Ce n'est que long-temps après eux que l'on a donné de prétendus extraits des annales égyptiennes, phéniciennes et babyloniennes. Bérose n'écrivit que sous le règne de Séleucus Nicator, Hiéronyme que sous celui d'Antiochus Soter, et Manéthon que sous le règne de Ptolémée Philadelphe. Ils sont tous les trois seulement du troisième siècle avant Jésus-Christ.

Que Sanchoniaton soit un auteur véritable ou supposé, on ne le connaissait point avant que Philon de Byblos en eût publié une traduction sous Adrien, dans le second siècle après Jésus-Christ, et quand on l'aurait connu, l'on n'y aurait trouvé pour les premiers temps, comme dans tous les auteurs de cette espèce, qu'une théogonie puérile, ou une métaphysique tellement déguisée sous des allégories, qu'elle en est méconnaissable.

Un seul peuple nous a conservé des annales écrites en prose avant l'époque de Cyrus; c'est le peuple juif.

La partie de l'Ancien-Testament que l'on nomme *le Pentateuque*, existe sous sa forme actuelle au moins depuis le schisme de Jéroboam, puisque les Samaritains la reçoivent comme les Juifs, c'est-à-dire qu'elle a maintenant, à coup sûr, plus de deux mille huit cents ans.

Il n'y a nulle raison pour ne pas attribuer la rédaction de la Genèse à Moïse lui-même, ce qui la ferait remonter à cinq cents ans plus haut, à trente-trois siècles; et il suffit de la lire pour s'apercevoir qu'elle a été composée en partie avec des morceaux d'ouvrages antérieurs : on ne peut donc aucunement douter que ce ne soit l'écrit le plus ancien dont notre occident soit en possession.

Or, cet ouvrage, et tous ceux qui ont été faits depuis, quelque étrangers que leurs auteurs fussent et à Moïse et à son peuple, nous présentent les nations des bords de la Méditerranée comme nouvelles; ils nous les montrent encore demi-sauvages quelques siècles auparavant ; bien plus, ils nous parlent tous d'une catastrophe générale, d'une irruption des eaux, qui occasiona une régénération presque totale du genre humain, et ils n'en font pas remonter l'époque à un intervalle bien éloigné.

Les textes du Pentateuque qui alongent le plus cet intervalle ne le placent pas à plus de vingt siècles avant Moïse, ni par conséquent à plus de cinq mille quatre cents ans avant nous (1).

Les traditions poétiques des Grecs, sources de toute notre histoire profane pour ces époques reculées, n'ont rien qui contredise les annales des Juifs ; au contraire, elles s'accordent admirablement avec elles, par l'époque qu'elles assignent aux colons égyptiens et phéniciens qui donnèrent à la Grèce les premiers germes de civilisation ; on y voit que vers le même siècle où la peuplade israélite sortit d'Égypte pour porter en Palestine le dogme sublime de l'unité de Dieu, d'autres colons sortirent du même pays pour porter en

(1) Les Septante à cinq mille trois cent quarante-cinq ; le texte samaritain à quatre mille huit cent soixante-neuf ; le texte hébreu à quatre mille cent soixante-quatorze.

Grèce une religion plus grossière, au moins à l'extérieur, quelles que fussent d'ailleurs les doctrines secrètes qu'elle réservait à ses initiés ; tandis que d'autres encore venaient de Phénicie, et enseignaient aux Grecs l'art d'écrire, et tout ce qui a rapport à la navigation et au commerce (1).

Il s'en faut sans doute beaucoup que l'on ait eu depuis lors une histoire suivie, puisque l'on place encore long-temps après ces fondateurs de colonies une foule d'événemens mythologiques

---

(1) On sait que les chronologistes varient de plusieurs années sur chacun de ces événemens ; mais ces migrations n'en forment pas moins toutes ensemble le caractère spécial et bien remarquable du quinzième et du seizième siècle avant Jésus-Christ.

Ainsi, en suivant seulement les calculs d'Usserius, Cécrops serait venu d'Égypte à Athènes vers 1556 avant Jésus-Christ ; Deucalion se serait établi sur le Parnasse vers 1548 ; Cadmus serait arrivé de Phénicie à Thèbes vers 1493 ; Danaüs serait venu à Argos vers 1485 ; Dardanus se serait établi sur l'Hellespont vers 1449.

Tous ces chefs de nation auraient été à peu près contemporains de Moïse, dont l'émigration est de 1491. Voyez d'ailleurs sur le synchronisme de Moïse, de Danaüs et de Cadmus, Diodore, lib. XL ; dans Photius, pag. 1152.

et d'aventures où des dieux et des héros interviennent, et qu'on ne lie ces chefs à l'histoire véritable que par des généalogies évidemment factices (1) ; mais ce qui est bien plus certain encore, c'est que tout ce qui avait précédé leur arrivée ne pouvait s'être conservé que dans des souvenirs très-confus, et n'aurait pu être suppléé que par de pures inventions, pareilles à celles de nos moines du moyen-âge sur les origines des peuples de l'Europe.

Ainsi, non seulement on ne doit pas s'étonner qu'il y ait eu, dans l'antiquité même, beaucoup de doutes et de contradictions sur les époques de Cécrops, de Deucalion, de Cadmus et de

---

(1) Tout le monde connaît les généalogies d'Apollodore, et le parti que feu Clavier a cherché à en tirer pour rétablir une sorte d'histoire primitive de la Grèce; mais lorsqu'on a lu les généalogies des Arabes, celles des Tartares, et toutes celles que nos vieux moines chroniqueurs avaient imaginées pour les différens souverains de l'Europe et même pour des particuliers, on comprend très-bien que des écrivains grecs ont dû faire pour les premiers temps de leur nation ce qu'on a fait pour toutes les autres à des époques où la critique n'éclairait pas l'histoire.

Danaüs; non seulement il serait puéril d'attacher la moindre importance à une opinion quelconque sur les dates précises d'Inachus (1) ou d'Ogygès (2); mais si quelque chose peut surprendre, c'est que ces personnages n'aient pas été placés infiniment plus haut. Il est impossible qu'il n'y ait pas eu là quelque effet de l'ascendant des traditions reçues, auquel les inventeurs de fables n'ont pu se soustraire. Une des dates assignées au déluge d'Ogygès s'accorde même tellement avec l'une de celles qui ont été attribuées au déluge de Noé, qu'il est presque impossible qu'elle n'ait pas été prise dans quelque source où c'était de ce dernier déluge qu'on entendait parler (3).

---

(1) Mille huit cent cinquante-six ou mille huit cent vingt-trois avant Jésus-Christ, ou d'autres dates encore; mais toujours environ trois cent cinquante ans avant les principaux colons phéniciens ou égyptiens.

(2) La date vulgaire d'Ogygès, d'après Acusilaüs, suivi par Eusèbe, est de mille sept cent quatre-vingt seize ans avant Jésus-Christ, par conséquent plusieurs années après Inachus.

(3) Varron plaçait le déluge d'Ogygès, qu'il appelle le *premier déluge*, à quatre cents ans avant Inachus (*a priore cataclismo quem Ogygium dicunt, ad Inachi regnum*), et

Quant à Deucalion, soit que l'on regarde ce prince comme un personnage réel ou fictif, pour peu que l'on suive la manière dont son déluge a été introduit dans les poèmes des Grecs, et les divers détails dont il s'est trouvé successivement enrichi, il devient sensible que ce n'était qu'une tradition du grand cataclisme, altérée et placée

---

par conséquent à mille six cents ans avant la première olympiade; ce qui le porterait à deux mille trois cent soixante-seize ans avant Jésus-Christ, et le déluge de Noë, selon le texte hébreu, est de deux mille trois cent quarante-neuf : ce n'est que vingt-sept ans de différence. Ce témoignage de Varron est rapporté par Censorin, *de Die natali*, cap. XXI. A la vérité, Censorin n'écrivait qu'en deux cent trente-huit de Jésus-Christ, et il paraît, d'après Jules Africain, ap. Euseb., Præp. CV, qu'Acusilaüs, le premier auteur qui plaçait un déluge sous le règne d'Ogygès, faisait ce prince contemporain de Phoronée, ce qui l'aurait beaucoup rapproché de la première olympiade. Jules Africain ne met que mille vingt ans d'intervalle entre les deux époques, il y a même dans Censorin un passage conforme à cet opinion; aussi quelques uns veulent-ils lire dans celui de Varron, que nous venons de citer d'après Censorin, *eroyitium*, au lieu d'*Ogygium*. Mais qu'est ce qu'un *cataclisme éroyitien* dont personne n'a jamais parlé?

par les Hellènes à l'époque où ils plaçaient aussi Deucalion, parce que Deucalion était regardé comme l'auteur de la nation des Hellènes, et que l'on confondait son histoire avec celle de tous les chefs des nations renouvelées (1).

---

(1) Homère ni Hésiode n'ont rien su du déluge de Deucalion, non plus que de celui d'Ogygès.

Le plus ancien auteur subsistant où l'on trouve la mention du premier est Pindare (Od. Olyp. IX). Il fait aborder Deucalion sur le Parnasse, s'établir dans la ville de Protogénie (première naissance), et y recréer son peuple avec des pierres; en un mot, il rapporte déjà, mais en l'appliquant à une nation seulement, la fable généralisée depuis par Ovide à tout le genre humain.

Les premiers historiens postérieurs à Pindare (Hérodote, Thucydide et Xénophon), ne font mention d'aucun déluge, ni du temps d'Ogygès, ni du temps de Deucalion, bien qu'ils parlent de celui-ci comme de l'un des premiers rois des Hellènes.

Platon, dans le Timée, ne dit que quelques mots du déluge, ainsi que de Deucalion et de Pyrrha, pour commencer le récit de la grande catastrophe qui, selon les prêtres de Saïs, détruisit l'Atlantide; mais dans ce peu de mots il parle du déluge au singulier, comme si c'était le seul : il dit même expressément plus loin que les Grecs n'en connaissaient qu'un. Il place le nom de Deucalion immédia-

C'est que chaque peuplade de Grèce qui avait conservé des traditions isolées, les commençait par son déluge particulier, parce que chacune

---

tement après celui de Phoronée, le premier des hommes, sans faire mention d'Ogygès : ainsi, pour lui, c'est encore un événement général, un vrai déluge universel, et le seul qui soit arrivé. Il le regardait donc comme identique avec celui d'Ogygès.

Aristote (Meteor., 1, 14), semble le premier n'avoir considéré ce déluge que comme une inondation locale qu'il place près de Dodone et du fleuve Achéloüs, mais près de l'Achéloüs et de la Dodone de Thessalie.

Dans Apollodore (Bibl. 1, § 7), le déluge de Deucalion reprend toute sa grandeur et son caractère mythologique : il arrive à l'époque du passage de l'âge d'airain à l'âge de fer. Deucalion est le fils du titan Prométhée, du fabricateur de l'homme; il crée de nouveau le genre humain avec des pierres; et cependant Atlas, son oncle, Phoronée, qui vivait avant lui, et plusieurs autres personnages antérieurs conservent de longues postérités.

A mesure que l'on avance vers des auteurs plus récens, il s'y ajoute des circonstances de détails qui ressemblent davantage à celles que rapporte Moïse.

Ainsi Apollodore donne à Deucalion un coffre pour moyen de salut; Plutarque parle des colombes par lesquelles il cherchait à savoir si les eaux s'étaient retirées,

d'elles avait conservé quelque souvenir du déluge universel qui était commun à tous les peuples ; et lorsque dans la suite on voulut assujétir ces

---

et Lucien des animaux de toute espèce qu'il avait embarqués avec lui, etc.

Quant à la combinaison de traditions et d'hypothèses de laquelle on à récemment cherché à conclure que la rupture du Bosphore de Thrace a été la cause du déluge de Deucalion, et même de l'ouverture des colonnes d'Hercule, en faisant décharger dans l'Archipel les eaux du Pont-Euxin, auparavant beaucoup plus élevées et plus étendues qu'elles ne l'ont été depuis cet événement, il n'est plus nécessaire de s'en occuper en détail, depuis qu'il a été constaté, par les observations de M. Olivier, que si la mer Noire eût été aussi haute qu'on le suppose, elle aurait trouvé plusieurs écoulemens par des cols et des plaines moins élevées que les bords actuels du Bosphore ; et par celles de M. le comte Andréossy, que, fût-elle tombée un jour subitement en cascade par ce nouveau passage, la petite quantité d'eau qui aurait pu s'écouler à la fois par une ouverture si étroite, non seulement se serait répandue sur l'immense étendue de la Méditerranée sans y occasioner une marée de quelques toises, mais que la simple inclinaison naturelle nécessaire à l'écoulement des eaux aurait réduit à rien leur excédant de hauteur sur les bords de l'Attique.

Voyez au reste sur ce sujet la note que j'ai publiée en

diverses traditions à une chronologie commune, on crut voir des événemens différens, parce que des dates toutes incertaines, peut-être toutes fausses, mais regardées chacune dans son pays comme authentiques, ne se rapportaient pas entre elles. Ainsi de la même manière que les Hellènes avaient un déluge de Deucalion, parce qu'ils regardaient Deucalion comme leur premier auteur, les Autochthones de l'Attique en avaient un d'Ogygès, parce que c'était par Ogygès qu'ils commençaient leur histoire. Les Pélages d'Arcadie avaient celui qui, selon des auteurs postérieurs, contraignit Dardanus à se rendre vers l'Hellespont (1). L'île de Samothrace, l'une de celles où il s'était le plus anciennement formé une succession de prêtres, un culte régulier et des traditions suivies, avait aussi un déluge qui passait pour le plus ancien de tous (2), et que l'on y attribuait à la rupture du Bosphore et de l'Hellespont. On gardait quelque idée d'un évé-

---

tête du troisième volume de l'Ovide de la collection de M. Lemaire.

(1) Denys d'Halicarnasse. Antiq. rom. lib. I, cap. 61.

(2) Diodore de Sicile, lib. V, cap. 47.

nement semblable en Asie mineure (1) et en Syrie (2), et par la suite les Grecs y attachèrent le nom de Deucalion (3).

Mais aucune de ces traditions ne plaçait très-haut ce cataclisme ; aucune d'elles ne refuse à s'expliquer, quant à sa date et à ses autres circonstances, par les variations que subissent toujours les récits qui ne sont point fixés par l'Écriture.

L'antiquité excessive attribuée à certains peuples, n'a rien d'historique.

Les hommes qui veulent attribuer aux continens et à l'établissement des nations une antiquité très-reculée sont donc obligés de s'adresser aux Indiens, aux Chaldéens et aux Egyptiens, trois peuples en effet qui paraissent les plus anciennement civilisés de la race caucasique ; mais trois peuples extraordinairement semblables entre eux, non seulement par le tempérament,

(1) Étienne de Byzance, voce Iconium : Zénodote, Prov., cent. VI, n° 10 ; et Suidas, voce Nannacus.

(2) Lucian., de Deâ Syrâ.

(3) Arnobe, Contra Gent., lib. V, p. m. 158, parle même d'un rocher de Phrygie, d'où l'on prétendait que Deucalion et Pyrrha avaient pris leurs pierres.

par le climat et par la nature du sol qu'ils habitaient, mais encore par la constitution politique et religieuse qu'ils s'étaient donnée, et dont cette constitution même doit rendre le témoignage également suspect (1).

Chez tous les trois une caste héréditaire était exclusivement chargée du dépôt de la religion, des lois et des sciences; chez tous les trois cette caste avait son langage allégorique et sa doctrine secrète; chez tous les trois elle se réservait le privilége de lire et d'expliquer les livres sacrés dans lesquels toutes les connaissances avaient été révélées par les dieux eux-mêmes.

On comprend ce que l'histoire pouvait devenir en de pareilles mains; mais, sans se livrer à de grands efforts de raisonnement, on peut le savoir par le fait, en examinant ce qu'elle est devenue

---

(1) Cette ressemblance des institutions va au point, qu'il est très-naturel de leur supposer une origine commune. On ne doit pas oublier que beaucoup d'anciens auteurs ont pensé que les institutions égyptiennes venaient de l'Éthiopie, et que le Syncelle, page 151, nous dit positivement que les Éthiopiens étaient venus des bords de l'Indus au temps du roi Amenophtis.

parmi celle de ces trois nations qui subsiste encore : parmi les Indiens..

La vérité est qu'elle n'y existe point du tout. Au milieu de cette infinité de livres de théologie mystique ou de métaphysique abstruse que les brames possèdent, et que l'ingénieuse persévérance des Anglais est parvenue à connaître, il n'existe rien qui puisse nous instruire avec ordre sur l'origine de leur nation et sur les vicissitudes de leur société : ils prétendent même que leur religion leur défend de conserver la mémoire de ce qui se passe dans l'âge actuel, dans l'âge du malheur (1).

Après les Vedas, premiers ouvrages révélés et fondemens de toute la croyance des Indous, la littérature de ce peuple comme celle des Grecs commence par deux grandes épopées; le Ramaïan et le Mahâbarat, mille fois plus monstrueuses dans leur merveilleux que l'Iliade et l'Odyssée, bien que l'on y reconnaisse aussi des traces d'une doctrine métaphysique du genre de celles que l'on est convenu d'appeler sublimes.

---

(1) Voyez Polier, Mythologie des Indous, tom. I, pages 89 et 91.

Les autres poèmes, qui font avec les deux premiers le grand corps des Pouranas, ne sont que des légendes ou des romans versifiés, écrits dans des temps et par des auteurs différens, et non moins extravagans dans leurs fictions que les grands poèmes. On a cru reconnaître dans quelques uns de ces écrits des faits ou des noms d'hommes un peu semblables à ceux dont les Grecs et les Latins ont parlé ; et c'est principalement d'après ces ressemblances de noms que M. Wilfort a essayé d'extraire de ces Pouranas une espèce de concordance avec notre ancienne chronologie d'Occident, concordance qui décèle à chaque ligne la nature hypothétique de ses bases, et qui, de plus, ne peut être admise qu'en comptant absolument pour rien les dates données par les Pouranas eux-mêmes (1).

Les listes de rois que des pandits ou docteurs indiens ont prétendu avoir compilées d'après ces Pouranas, ne sont que de simples catalogues

(1) Voyez le grand travail de M. Wilfort, sur la chronologie des rois de Magadha, empereurs de l'Inde, et sur les époques de Vicramaditjya (ou Bikermadjit), et de Salivahanna. Mém. de Calcutta, t. IX, in 8°, pag. 82.

sans détails, ou ornés de détails absurdes, comme en avaient les Chaldéens et les Egyptiens; comme Trithème et Saxon le grammairien en ont donné pour les peuples du Nord (1). Ces listes sont fort loin de s'accorder; aucune d'elles ne suppose ni une histoire, ni des registres, ni des titres : le fond même a pu en être imaginé par les poètes dont les ouvrages en ont été la source. L'un des pandits qui en ont fourni à M. Wilfort, est convenu qu'il remplissait arbitrairement avec avec des noms imaginaires les espaces entre les rois célèbres (2), et il avouait que ses prédécesseurs en avaient fait autant. Si cela est vrai des listes qu'obtiennent aujourd'hui les Anglais, comment ne le serait-il pas de celles qu'Abou-Fazel a données comme extraites des Annales de Cachemire (3), et qui, d'ailleurs, toutes pleines de

(1) Voyez Johnes, sur la chronologie des Indous, Mém. de Calcutta, édition in-8°, tom. II, pag. 111; traduction française, p. 161. Voyez aussi Wilfort sur ce même sujet, *ibid.*, tom. V, pag. 241, et les listes qu'il donne dans son travail cité plus haut, tom. IX, pag. 116.

(2) Wilfort, Mém. de Calcutta, in-8°, tom. IX; p. 133.

(3) Dans l'Ayeen-Acbery, tom. II, pag. 138 de la tra-

fables qu'elles sont, ne remontent qu'à quatre mille trois cents ans, sur lesquels plus de mille deux cents sont remplis de noms de princes dont les règnes demeurent indéterminés quant à leur durée.

L'ère même d'après laquelle les Indiens comptent aujourd'hui leurs années, qui commence cinquante-sept ans avant Jésus-Christ, et qui porte le nom d'un prince appelé *Vicramaditjia* ou *Bickermadjit*, ne le porte que par une sorte de convention; car on trouve, d'après les synchronismes attribués à Vicramaditjia, qu'il y aurait eu au moins trois, et peut-être jusqu'à huit ou neuf princes de ce nom, qui tous ont des légendes semblables, qui tous ont eu des guerres avec un prince nommé *Siliwahanna;* et, qui plus est, on ne sait pas bien si cette année cinquante-sept avant Jésus-Christ est celle de la naissance, du règne ou de la mort du Vicramaditjia, dont elle porte le nom (1).

duction anglaise. Voyez aussi Heeren, Commerce des anciens, premier volume, deuxième partie, pag. 329.

(1) Voyez Bentley, sur les systèmes astronomiques des Indous, et leur liaison avec l'histoire, Mém. de Calcutta, tom. VIII, pag. 243 de l'édition in-8°.

Enfin, les livres les plus authentiques des Indiens démentent, par des caractères intrinsèques et très-reconnaissables, l'antiquité que ces peuples leur attribuent. Leurs Vedas, ou livres sacrés, révélés selon eux par Brama lui-même dès l'origine du monde, et rédigés par Viasa (nom qui ne signifie autre chose que collecteur) au commencement de l'âge actuel, si l'on en juge par le calendrier qui s'y trouve annexé et auquel ils se rapportent, ainsi que par la position des colures que ce calendrier indique, peuvent remonter à trois mille deux cents ans, ce qui serait à peu près à l'époque de Moïse (2). Peut-être même ceux qui ajouteront foi à l'assertion de Mégasthènes (2), que de son temps les Indiens ne savaient pas écrire; ceux qui réfléchiront qu'aucun des anciens n'a fait mention de ces temples superbes, de ces immenses pagodes, monumens si remarquables de la religion des Brames; ceux qui sauront que les époques de

---

(1) Voyez le Mémoire de M. Colebrooke sur les Vedas, Mém. de Calcutta, tom. VIII de l'édition in-8°, pag. 493.

(2) Megasthenes apud Strabon., lib. XV, pag. 709. Almel.

leurs tables astronomiques ont été calculées après coup, et mal calculées, et que leurs traités d'astronomie sont modernes et antidatés, seront-ils portés à diminuer encore beaucoup cette antiquité prétendue des Vedas ?

Cependant, au milieu de toutes les fables braminiques, il échappe des traits dont la concordance avec ce qui résulte des monumens historiques plus occidentaux, est faite pour étonner.

Ainsi leur mythologie consacre les destructions successives que la surface du globe a essuyées, et doit essuyer à l'avenir; et ce n'est qu'à un peu moins de cinq mille ans qu'ils font remonter la dernière (1). L'une de ces révolutions, que l'on place à la vérité infiniment plus loin de nous, est décrite dans des termes presque correspondans à ceux de Moïse (2).

(1) Celle qui a donné naissance à l'âge présent ou *cali yug* (l'âge de terre) : elle remonte à quatre mille neuf cent vingt-sept ans (trois mille cent deux ans avant Jésus-Christ.) Voyez Legentil, Voyage aux Indes, tom. I, pag. 235; Bentley, Mém. de Calcutta, tom VIII de l'édition in-8°, p. 212. Ce n'est que cinquante-neuf ans plus haut que le déluge de Noé, selon le texte samaritain.

(2) Le personnage de Satyavrata y joue le même rôle

M. Wilfort assure même que, dans un autre événement de cette mythologie, figure un personnage qui ressemble à Deucalion, par l'origine, par le nom, par les aventures, et jusque par le nom et les aventures de son père (1).

---

que Noé : il s'y sauve avec sept couples de saints. Voyez Will. Johnes, Mém. de Calcutta, tom. I in-8°, p. 230, et la traduction française in 4°, pag. 170; et dans le Bagavadam (ou Bagvata), traduction de Fouché d'Obsonville, pag. 212.

(1) Cala-Javana, ou dans le langage familier Cal-Yun, à qui ses partisans peuvent avoir donné l'épithète de *deva*, *deo* (dieu), ayant attaqué Chrishna (l'Apollon des Indiens) à la tête des peuples septentrionaux (des Scythes, tels qu'était Deucalion selon Lucien), fut repoussé par le feu et par l'eau. Son père Garga avait pour l'un de ses surnoms *Pramathesa* (Prométhée); et selon une autre légende, il est dévoré par l'aigle Garuda. Ces détails ont été extraits par M. Wilfort (dans son Mémoire sur le mont Caucase, parmi ceux de Calcutta, tom. VI de l'édition in-8°. pag. 507) du drame sanscrit intitulé Hari-Vansa. M. Charles Ritter, dans son Vestibule de l'histoire européenne avant Hérodote, en conclut que toute la fable de Deucalion était d'origine étrangère, et avait été apportée en Grèce avec les autres légendes de cette partie du culte grec qui était venue par le Nord, et qui avait précédé les colons égyptiens et phéniciens. Mais s'il est

Une chose également assez digne de remarque, c'est que dans ces listes de rois, toutes sèches, toutes peu historiques qu'elles sont, les Indiens placent le commencement de leurs souverains humains (ceux de la race du soleil et de la lune) à une époque qui est à peu près la même que celle où Ctésias, dans une liste entièrement de la même nature, fait commencer ses rois d'Assyrie (environ quatre mille ans avant le temps présent) (1).

Cet état déplorable des connaissances historiques devait être celui d'un peuple où les prêtres héréditaires d'un culte monstrueux dans ses formes extérieures et cruel dans beaucoup de ses préceptes, avaient seuls le privilége d'écrire, de conserver et d'expliquer les livres. Quelque

---

vrai que les constellations de la sphère indienne ont aussi des noms de personnages grecs; qu'on y voit Andromède sous le nom d'*Antarmadia*, Céphée sous celui de *Capita*, etc., on sera peut-être tenté d'en tirer avec M. Wilfort, une conclusion entièrement inverse. Malheureusement on commence à douter beaucoup, parmi les savans, de l'authenticité des documens allégués par cet écrivain.

(1) Bentley, Mém. de Calcutta, tom. VIII, pag. 226 de l'édition in 8°, note.

légende faite pour mettre en vogue un lieu de pélerinage, des inventions propres à graver plus profondément le respect pour leur caste, devaient les intéresser plus que toutes les vérités historiques. Parmi les sciences, ils pouvaient cultiver l'astronomie, qui leur donnait du crédit comme astrologues ; la mécanique, qui les aidait à élever les monumens, signes de leur puissance et objets de la vénération superstitieuse des peuples ; la géométrie, base de l'astronomie, comme de la mécanique, et auxiliaire important de l'agriculture dans ces vastes plaines d'alluvion qui ne pouvaient être assainies et rendues fertiles qu'à l'aide de nombreux canaux ; ils pouvaient encourager les arts mécaniques ou chimiques qui alimentaient leur commerce, et contribuaient à leur luxe et à celui de leurs temples ; mais ils devaient redouter l'histoire qui éclaire les hommes sur leurs rapports mutuels.

Ce que nous voyons aux Indes, nous devons donc nous attendre à le retrouver partout où des races sacerdotales, constituées comme celle des Bramines, établies dans des pays semblables, s'arrogeaient le même empire sur la masse du peuple. Les mêmes causes amènent les mêmes résultats; et en effet, pour peu que l'on réfléchisse sur les fragmens qui nous restent des traditions égyptiennes et chaldéennes, on s'aperçoit qu'elles n'étaient pas plus historiques que celles des Indiens.

Pour juger de la nature des chroniques que les prêtres égyptiens prétendaient posséder, il suffit de rappeler les extraits qu'ils en ont donnés eux-mêmes en différens temps, et à des personnes différentes.

Ceux de Saïs, par exemple, disaient à Solon, environ cent cinquante ans avant Jésus-Christ, que, l'Egypte n'étant point sujette aux déluges, ils avaient conservé, non seulement leurs propres annales, mais celles des autres peuples; que la ville d'Athènes et celle de Saïs avaient été construites par Minerve; la première depuis neuf mille ans, la seconde seulement depuis huit mille; et à ces dates ils ajoutaient les fables si connues sur les Atlantes, sur la résistance que les anciens Athéniens opposèrent à leurs conquêtes, ainsi que toute la description romanesque de l'Atlantide (1); description où se trouvent des

(1) Voyez le Timée et le Critias de Platon.

faits et des généalogies semblables à celles de tous les romans mythologiques.

Un siècle plus tard, vers quatre cent cinquante, les prêtres de Memphis firent à Hérodote des récits tout différents (1). Menès, premier roi d'Egypte, avait construit selon eux Memphis, et renfermé le Nil dans des digues, comme si de pareilles opérations étaient possibles au premier roi d'un pays. Depuis lors ils avaient eu trois cent trente autres rois jusqu'à Mœris, qui régnait, selon eux, neuf cents ans avant l'époque où ils parlaient (mille trois cent cinquante ans avant Jésus-Christ).

Après ces rois vint Sésostris, qui poussa ses conquêtes jusqu'à la Colchide (2); et au total il y

---

(1) Euterpe, chapitre XCIX et suivans.

(2) Hérodote croyait avoir reconnu des rapports de figure et de couleur entre les Colchidiens et les Egyptiens; mais il est infiniment plus probable que ces Colchidiens noirs dont il parle étaient une colonie indienne attirée par le commerce anciennement établi entre l'Inde et l'Europe, par l'Oxus, la mer Caspienne et le Phase. Voyez Ritter, Vestibule de l'histoire ancienne avant Hérodote, chapitre I.

eut, jusqu'à Sethos, trois cent quarante-un rois et trois cent quarante-un grands-prêtres, en trois cent quarante-une générations, pendant onze mille trois cent quarante ans, et dans cet intervalle, comme pour servir de garant à leur chronologie, ces prêtres assuraient que le soleil s'était levé deux fois où il se couche, sans que rien eût changé dans le climat ou dans les productions du pays, et sans qu'alors ni auparavant aucun dieu se fût montré et eût régné en Egypte.

A ce trait, qui, malgré toutes les explications que l'on a prétendu en donner, prouvait une si grossière ignorance en astronomie, ils ajoutaient sur Sésostris, sur Pheron, sur Hélène, sur Rhampsinite, sur les rois qui ont fait construire les pyramides, sur un conquérant éthiopien nommé *Sabacos*, des contes tout-à-fait dignes du cadre où ils étaient enchâssés.

Les prêtres de Thèbes firent mieux ; ils montrèrent à Hérodote, et auparavant ils avaient montré à Hécatée, trois cent quarante-cinq colosses de bois, représentant trois cent quarante-cinq grands-prêtres qui s'étaient succédé de père en fils, tous hommes, tous nés l'un de l'autre, mais qui avaient été précédés par des dieux (1).

D'autres Egyptiens lui dirent avoir des registres exacts, non seulement du règne des hommes, mais de celui des dieux. Ils comptaient dix-sept mille ans depuis Hercule jusqu'à Amasis, et quinze mille depuis Bacchus. Pan avait encore précédé Hercule (2).

Evidemment ces gens-là prenaient pour historique quelque allégorie relative à la métaphysique panthéistique, qui faisait, à leur insu, la base de leur mythologie.

Ce n'est qu'à Sethos que commence, dans Hérodote, une histoire un peu raisonnable; et, ce qu'il est important de remarquer, cette histoire commence par un fait concordant avec les annales hébraïques : par la destruction de l'armée du roi d'Assyrie, Sennachérib (3), et cet accord continue sous Necho (4) et sous Hophra ou Apriès.

Deux siècles après Hérodote (vers deux cent

---

(1) Euterpe, chapitre CXLIII.

(2) *Ibid.* CXLIV.

(3) *Ibid.*, CXLI.

(4) *Ibid.*, CLIX, et dans le quatrième livre des Rois, chapitre 19, ou dans le deuxième des Paral., chap. 32.

soixante ans avant Jésus-Christ), Ptolomée Philadelphe, prince d'une race étrangère, voulut connaître l'histoire du pays que les événemens l'avaient appelé à gouverner. Un prêtre encore, Manéthon, se chargea de l'écrire pour lui. Ce ne fut plus dans des registres, dans des archives, qu'il prétendit l'avoir puisée, mais dans les livres sacrés d'Agathodæmon, fils du second Hermès et père de Tât, lequel l'avait copié sur des colonnes érigées avant le déluge, par Tôt ou le premier Hermès, dans la terre sériadique (1), et ce second Hermès, cet Agathodæmon, ce Tât, sont des personnages dont qui que ce soit n'avait parlé auparavant, non plus que de cette terre sériadique ni de ses colonnes. Ce déluge est lui-même un fait entièrement inconnu aux Egyptiens des temps antérieurs, et dont Manéthon ne marque rien dans ce qui nous reste de ses dynasties.

Le produit ressemble à la source : non seulement tout est plein d'absurdités, mais ce sont des absurdités propres, et impossibles à concilier

(1) Syncell., pag. 40.

avec celles que des prêtres plus anciens avaient racontées à Solon et à Hérodote.

C'est Vulcain qui commence la série des rois divins ; il règne neuf mille ans ; les dieux et les demi-dieux règnent mille neuf cent quatre-vingt-cinq ans. Ni les noms, ni les successions, ni les dates de Manéthon ne ressemblent à ce qu'on a publié avant et depuis lui ; et il faut qu'il ait été aussi obscur et embrouillé qu'il était peu d'accord avec les autres ; car il est impossible d'accorder entre eux les extraits qu'en ont donnés Josèphe, Jules Africain et Eusèbe. On ne convient pas même des sommes d'années de ses rois humains. Selon Jules Africain, elles vont à cinq mille cent un ans ; selon Eusèbe, à quatre mille sept cent vingt-trois ; selon le Syncelle, à trois mille cinq cent cinquante-cinq. On pourrait croire que les différences de noms et de chiffres viennent des copistes ; mais Josèphe cite au long un passage dont les détails sont en contradiction manifeste avec les extraits de ses successeurs.

Une chronique qualifiée d'ancienne (1), et que

(1) Syncell., pag. 51.

les uns jugent antérieure, les autres postérieure à Manéthon, donne encore d'autres calculs : la durée totale de ses rois est de trente-six mille cinq cent vingt-cinq ans, sur lesquels le Soleil en a régné trente-mille, les autres dieux trois mille neuf cent quatre-vingt-quatre, les demi-dieux deux cent dix-sept : il ne reste pour les hommes que deux mille trois cent trente-neuf ans : aussi n'en compte-t-on que cent treize générations, au lieu des trois cent quarante d'Hérodote.

Un savant d'un autre ordre que Manéthon, l'astronome Eratosthènes, découvrit et publia, sous Ptolomée Evergète, vers deux cent quarante ans avant Jésus-Christ, une liste particulière de trente-huit rois de Thèbes, commençant à Menès, et se continuant pendant mille vingt-quatre ans : nous en avons un extrait que le Syncelle a copié dans Apollodore (1). Presque aucun des noms qui s'y trouvent ne correspond aux autres listes.

Diodore alla en Egypte sous Ptolomée Aulètes, vers soixante ans avant Jésus-Christ, par consé-

(1) Syncell., pages 91 et suivantes.

quent deux siècles après Manéthon et quatre après Hérodote.

Il recueillit aussi de la bouche des prêtres l'histoire du pays, et il la recueillit de nouveau toute différente (1).

Ce n'est plus Menès qui a construit Memphis, mais Uchoréus. Long-temps avant lui Busiris II avait construit Thèbes.

Le huitième aïeul d'Uchoréus, Osymandyas, a été maître de la Bactriane, et y a réprimé des révoltes. Long-temps après lui, Sésoosis a fait des conquêtes encore plus éloignées; il est allé jusqu'au-delà du Gange, et est revenu par la Scythie et le Tanaïs. Malheureusement ces noms de rois sont inconnus à tous les historiens précédens, et aucun des peuples qu'ils avaient conquis n'en a conservé le moindre souvenir. Quant aux dieux et aux héros, selon Diodore, ils ont régné dix-huit mille ans, et les souverains humains quinze mille : quatre cent soixante-dix rois avaient été Egyptiens, quatre Ethiopiens, sans compter les Perses et les Macédoniens. Les con-

(1) Diod. Sic., lib. 1, sect. 11.

tes dont le tout est entremêlé ne le cèdent point d'ailleurs en puérilité à ceux d'Hérodote.

L'an 18 de Jésus-Christ, Germanicus, neveu de Tibère, attiré par le désir de connaître les antiquités de cette terre célèbre, se rendit en Égypte, au risque de déplaire à un prince aussi soupçonneux que son oncle : il remonta le Nil jusqu'à Thèbes. Ce ne fut plus Sésostris ni Osymandias dont les prêtres lui parlèrent comme d'un conquérant, mais Rhamsès. A la tête de sept cent mille hommes il avait envahi la Libye, l'Éthiopie, la Médie, la Perse, la Bactriane, la Scythie, l'Asie mineure et la Syrie (1).

Enfin, dans le fameux article de Pline sur les obélisques (2), on trouve encore des noms de

(1) Tacit., Annal., lib. 11, cap. 60.

N. B. D'après l'interprétation qu'Ammien nous a conservée, lib. XVII, cap. 4, des hiéroglyphes de l'obélisque de Thèbes, qui est aujourd'hui à Rome sur la place de Saint Jean-de-Latran, il paraît qu'un Rhamestès y était qualifié, à la manière orientale, de seigneur de la terre habitable, et que l'histoire faite à Germanicus n'était qu'un commentaire de cette inscription.

(2) Pline, lib. XXXVI, cap. 8, 9, 10, 11.

rois que l'on ne voit point ailleurs : Sothies, Mnevis, Zmarreus, Eraphius, Mestirès, un Semenpserteus, contemporain de Pythagore, etc. Un Ramisès, que l'on pourrait croire le même que Rhamsès, y est fait contemporain du siége de Troie.

Je n'ignore pas que l'on a essayé de concilier ces listes, en supposant que les rois ont porté plusieurs noms. Pour moi, qui ne considère pas seulement la contradiction de ces divers récits, mais qui suis frappé par-dessus tout de ce mélange de faits réels attestés par de grands monumens, avec des extravagances puériles, il me semble infiniment plus naturel d'en conclure que les prêtres égyptiens n'avaient point d'histoire; qu'inférieurs encore à ceux des Indes, ils n'avaient pas même de fables convenues et suivies; qu'ils gardaient seulement des listes plus ou moins fautives de leurs rois et quelques souvenirs des principaux d'entre eux, de ceux surtout qui avaient eu le soin de faire inscrire leurs noms sur les temples et les autres grands ouvrages qui décoraient le pays; mais que ces souvenirs étaient confus, qu'ils ne reposaient guère que sur l'explication traditionnelle que l'on donnait aux réprésentations peintes ou sculptées sur les monumens, explications fondées seulement sur des inscriptions hyéroglyphiques conçues comme celle dont nous avons une traduction (1) en termes très-généraux, et qui, passant de bouche en bouche, s'altéraient, quant aux détails, au gré de ceux qui les communiquaient aux étrangers; et qu'il est par conséquent impossible d'asseoir aucune proposition relative à l'antiquité des continens actuels sur les lambeaux de ces traditions, déjà si incomplètes dans leur temps, et devenues tout-à-fait méconnaissables sous la plume de ceux qui nous les ont transmises.

Si cette assertion avait besoin d'autres preuves, elles se trouveraient dans la liste des ouvrages sacrés d'Hermès, que les prêtres égyptiens portaient dans leurs processions solennelles. Clément d'Alexandrie (2) nous les nomme tous au nombre de quarante-deux, et il ne s'y trouve pas même, comme chez les Bramines, une épopée ou un livre qui ait la prétention d'être un

(1) Celle de Ramestès dans Ammien, loc. cit.

(2) Stromat., lib. VI, pag. 633.

récit, de fixer d'une manière quelconque aucune grande action, aucun événement.

Les belles recherches de M. Champollion le jeune, et ses étonnantes découvertes sur la langue des hiéroglyphes (1), confirment ces conjectures, loin de les détruire. Cet ingénieux antiquaire a lu, dans une série de tableaux hiéroglyphiques du temple d'Abydos (2), les prénoms d'un certain nombre de rois placés à la suite les uns des autres; et une partie de ces prénoms (les dix derniers) s'étant retrouvés sur divers autres monumens, accompagnés de noms propres, il en a conclu qu'ils sont ceux des rois qui portaient ces noms propres, ce qui lui a donné à peu près les mêmes rois, et dans le même ordre que ceux dont Manéthon compose sa dix-huitième dynastie, celle qui chassa les pasteurs. Toutefois la concordance n'est pas

(1) Voyez le Précis du Système hyéroglyphique des anciens Égyptiens, par M. Champollion le jeune, p. 245, et sa Lettre à M. le duc de Blacas, pages 15 et suivantes.

(2) Ce bas-relief important est gravé dans le voyage à Méroë, de M. Caillaud, tom. II, planche XXXII.

complète : il manque dans le tableau d'Abydos six des noms portés sur la liste de Manéthon ; il y en a qui ne ressemblent pas ; enfin il se trouve malheureusement une lacune avant le plus remarquable de tous, le Rhamsès qui paraît le même que le roi représenté sur un si grand nombre des plus beaux monumens de l'Égypte avec les attributs d'un grand conquérant. Ce serait, selon M. Champollion, dans la liste de Manéthon, le Sethos, chef de la dix-neuvième dynastie, qui, en effet, est indiqué comme puissant en vaisseaux et en cavalerie, et comme ayant porté ses armes en Chypre, en Médie et en Perse. M. Champollion pense, avec Marsham et beaucoup d'autres, que c'est ce Rhamsès ou ce Sethos qui est le Sésostris ou le Sesoosis des Grecs ; et cette opinion a de la probabilité, dans ce sens que les représentations des victoires de Rhamsès, remportées probablement sur les nomades voisins de l'Égypte, ou tout au plus en Syrie, ont donné lieu à ces idées fabuleuses de conquêtes immenses attribuées, par quelque autre confusion, à un Sésostris ; mais dans Manéthon, c'est dans la douzième dynastie, et non dans la dix-huitième, qu'est inscrit un prince du nom de Sésostris, marqué comme conquérant de l'Asie et de la Thrace (1). Aussi Marsham prétend-il que cette douzième dynastie et la dix-huitième n'en font qu'une (2). Manéthon n'aurait donc pas compris lui-même les listes qu'il copiait. Enfin, si l'on admettait dans leur entier, et la vérité historique de ce bas relief d'Abydos et son accord, soit avec la partie des listes de Manéthon qui paraît lui correspondre, soit avec les autres inscriptions hiéroglyphiques, il en résulterait déjà cette conséquence que la prétendue dix-huitième dynastie, la première sur laquelle les anciens chronologistes commencent à s'accorder un peu, est aussi la première qui ait laissé sur les monumens des traces de son existence. Manéthon a pu consulter ce document et d'autres semblables ; mais il n'en est pas moins sensible qu'une liste, une série de noms ou de portraits, comme il y en a partout, est loin d'être une histoire.

Ce qui est prouvé et connu pour les Indiens, ce que je viens de rendre si vraisemblable pour

(1) Syncell., pag. 59.
(2) Canon., pag. 353.

les habitans de la vallée du Nil, ne doit-on pas le présumer aussi pour ceux des vallées de l'Euphrate et du Tigre? Établis, comme les Indiens (1), comme les Égyptiens, sur une grande route du commerce, dans de vastes plaines qu'ils avaient été obligés de couper de nombreux canaux, instruits comme eux par des prêtres héréditaires, dépositaires prétendus de livres secrets, possesseurs privilégiés des sciences, astrologues, constructeurs de pyramides et d'autres grands monumens (2), ne devaient-ils pas leur ressembler aussi sur d'autres points essentiels? leur histoire ne devait-elle pas également se réduire à des légendes? J'ose presque dire, non seulement que cela est probable, mais que cela est démontré par le fait.

Ni Moïse ni Homère ne nous parlent encore

(1) Toute l'ancienne mythologie des Bramines se rapporte aux plaines où coule le Gange, et c'est évidemment là qu'ils ont fait leurs premiers établissemens.

(2) Les descriptions des anciens monumens chaldéens ressemblent beaucoup à ce que nous voyons de ceux des Indiens et des Égyptiens; mais ces monumens ne sont pas conservés de même, parce qu'ils n'étaient construits qu'en briques séchées au soleil.

d'un grand empire dans la Haute-Asie. Hérodote (1) n'attribue à la suprématie des Assyriens que cinq cent vingt ans de durée, et n'en fait remonter l'origine qu'environ huit siècles avant lui. Après avoir été à Babylone et en avoir consulté les prêtres, il n'en a pas même appris le nom de Ninus, comme roi des Assyriens, et n'en parle que comme du père d'Agron (2), premier roi Héraclide de Lydie. Cependant il le fait fils de Bélus, tant il y avait dès-lors de confusion dans les souvenirs. S'il parle de Sémiramis comme de l'une des reines qui ont laissé de grands monumens à Babylone, il ne la place que sept générations avant Cyrus.

Hellanicus, contemporain d'Hérodote, loin de laisser rien construire à Babylone par Sémiramis, attribue la fondation de cette ville à Chaldæus, quatorzième successeur de Ninus (3).

Bérose, babylonien et prêtre, qui écrivait à peine cent vingt ans après Hérodote, donne à Babylone une antiquité effrayante; mais c'est à

(1) Clio, cap. xcv.

(2) Clio, cap. vii.

(3) Étienne de Byzance au mot Chaldæi.

Nabuchodonosor, prince relativement très-moderne, qu'il en attribue les monumens principaux (1).

Touchant Cyrus lui-même, ce prince si remarquable, et dont l'histoire aurait dû être si connue, si populaire, Hérodote, qui ne vivait que cent ans après lui, avoue qu'il existait déjà trois sentimens différens ; et en effet, soixante ans plus tard Xénophon nous donne de ce prince une biographie tout opposée à celle d'Hérodote.

Ctésias, à peu près contemporain de Xénophon, prétend avoir tiré des archives royales des Mèdes une chronologie qui recule de plus de huit cents ans l'origine de la monarchie assyrienne, tout en laissant à la tête de ses rois ce même Ninus, fils de Bélus, dont Hérodote avait fait un Héraclide ; et en même temps il attribue à Ninus et à Sémiramis des conquêtes vers l'occident d'une étendue absolument incompatible avec l'histoire juive et égyptienne de ce temps-là (2).

(1) Josèphe (contre Appion), lib. 1, cap. 19.

(2) Diod. Sic., lib. II.

Selon Mégasthènes, c'est Nabuchodonosor qui a fait ces conquêtes incroyables. Il les a poussées par la Libye jusqu'en Espagne (1).

On voit que du temps d'Alexandre, Nabuchodonosor avait tout-à-fait usurpé la réputation que Sémiramis avait eue du temps d'Artaxerxès; mais on pensera sans doute que Sémiramis, que Nabuchodonosor avaient conquis l'Éthiopie et la Libye, à peu près comme les Égyptiens faisaient conquérir, par Sésostris ou par Osymandias, l'Inde et la Bactriane.

Que serait-ce si nous examinions maintenant les différens rapports sur Sardanapale, dans lesquels un savant célèbre a cru trouver des preuves de l'existence de trois princes de ce nom, tous trois victimes de malheurs semblables (1); à peu près comme un autre savant trouve aux Indes au moins trois Vicramaditjia, également tous les trois héros d'aventures pareilles?

(1) Josèphe (contre Appion), lib. 1, cap. 6, et Strabon, lib. xv, pag. 687.

(2) Voyez dans les Mémoires de l'Académie des Belles-Lettres, tom. v, le Mémoire de Fréret sur l'histoire des Assyriens.

C'est apparemment d'après le peu de concordance de toutes ces relations que Strabon a cru pouvoir dire que l'autorité d'Hérodote et de Ctésias n'égale pas celle d'Hésiode ou d'Homère (1). Aussi Ctésias n'a-t-il guère été plus heureux en copistes que Manéthon ; et il est bien difficile aujourd'hui d'accorder les extraits que nous en ont donnés Diodore, Eusèbe et le Syncelle.

Lorsqu'on se trouvait en de pareilles incertitudes dans le cinquième siècle avant Jésus-Christ, comment veut-on que Bérose ait pu les éclaircir dans le troisième, et peut-on ajouter plus de foi aux quatre cent trente mille ans qu'il met avant le déluge, aux trente-cinq mille ans qu'il place entre le déluge et Sémiramis, qu'aux registres de cent cinquante mille ans qu'il se vante d'avoir consultés (2)?

On parle d'ouvrages élevés en des provinces éloignées, et qui portaient le nom de Sémiramis; on prétend aussi avoir vu en Asie mineure, en Thrace, des colonnes érigées par Sésostris (3) ;

---

(1) Strabon, lib. XI, pag. 507.

(2) Syncelle, pages 38 et 39.

(3) *N. B.* Il est très-remarquable qu'Hérodote ne dit

mais c'est ainsi qu'en Perse aujourd'hui les anciens monumens, peut-être même quelquesuns de ceux-là, portent le nom de Roustan; qu'en Égypte ou en Arabie ils portent ceux de Joseph, de Salomon : c'est une ancienne coutume des Orientaux, et probablement de tous les peuples ignorans. Nos paysans appellent Camps de César tous les anciens retranchemens romains.

En un mot, plus j'y pense, plus je me persuade qu'il n'y avait point d'histoire ancienne à Babylone, à Ecbatane, plus qu'en Égypte et aux Indes; et au lieu de porter comme Evhémère ou comme Bannier la mythologie dans l'histoire, je suis d'avis qu'il faudrait reporter une grande partie de l'histoire dans la mythologie.

Ce n'est qu'à l'époque de ce qu'on appelle communément le second royaume d'Assyrie que l'histoire des Assyriens et des Chaldéens commence à devenir claire; à l'époque où celle des

---

avoir vu des monumens de Sésostris qu'en Palestine, et ne parle de ceux d'Ionie que sur le rapport d'autrui, et en ajoutant que Sésostris n'est pas nommé dans les inscriptions, et que ceux qui ont vu ces monumens les attribuent à Memnon. Voyez Euterpe, chapitre CVI.

Egyptiens devient claire aussi, lorsque les rois de Ninive, de Babylone et d'Égypte commencent à se rencontrer et à se combattre sur le théâtre de la Syrie et de la Palestine.

Il paraît néanmoins que les auteurs de ces contrées, ou ceux qui en avaient consulté les traditions, et Bérose, et Hiéronyme, et Nicolas de Damas, s'accordaient à parler d'un déluge; Bérose le décrivait même avec des circonstances tellement semblables à celles de la Genèse, qu'il est presque impossible que ce qu'il en dit ne soit pas tiré des mêmes sources, bien qu'il en recule l'époque d'un grand nombre de siècles, autant du moins que l'on peut en juger par les extraits embrouillés que Josèphe, Eusèbe et le Syncelle nous ont conservés de ses écrits. Mais nous devons remarquer, et c'est par cette observation que nous terminerons ce qui regarde les Babyloniens, que ces siècles nombreux et cette grande suite de rois placés entre le déluge et Sémiramis sont une chose nouvelle, entièrement propre à Bérose, et dont Ctésias et ceux qui l'ont suivi n'avaient pas eu l'idée, qui n'a même été adoptée par aucun des auteurs profanes postérieurs à Bérose. Justin et Velléius considèrent Ninus comme le premier des conquérans, et ceux qui, contre toute vraisemblance, le placent le plus haut, ne le font que de quarante siècles antérieur autemps présent (1).

Les auteurs arméniens du moyen âge s'accordent à peu près avec quelqu'un des textes de la Genèse, lorsqu'ils font remonter le déluge à quatre mille neuf cent seize ans ; et l'on pourrait croire qu'ayant recueilli les vieilles traditions, et peut-être extrait les vieilles chroniques de leur pays, ils forment une autorité de plus en faveur de la nouveauté des peuples ; mais quand on réfléchit que leur littérature historique ne date que du cinquième siècle, et qu'ils ont connu Eusèbe, on comprend qu'ils ont dû s'accommoder à sa chronologie et à celle de la Bible. Moïse de Chorène fait profession expresse d'avoir suivi les Grecs, et l'on voit que son histoire ancienne est calquée sur Ctésias (2).

Cependant il est certain que la tradition du

---

(1) Justin, lib. 1, cap. 1, Velleius Paterculus, lib. 1, cap. 7.

(2) Voyez Mosis Chorenensis, Histor. armeniac., lib. 1; cap. 1.

déluge existait en Arménie bien avant la conversion des habitans au christianisme ; et la ville qui, selon Josèphe, était appelée *le lieu de la Descente*, existe encore au pied du mont Ararat, et porte le nom de *Nachidchevan*, qui a en effet ce sens-là (1).

Nous en dirons des Arabes, des Persans, des Turcs, des Mongoles, des Abyssins d'aujourd'hui, autant que des Arméniens. Leurs anciens livres, s'ils en ont eu, n'existent plus ; ils n'ont d'ancienne histoire que celle qu'ils se sont faite récemment, et qu'ils ont modelée sur la Bible : ainsi ce qu'ils disent du déluge est emprunté de la Genèse, et n'ajoute rien à l'autorité de ce livre.

Il était curieux de rechercher quelle était sur ce sujet l'opinion des anciens Perses, avant qu'elle eût été modifiée par les croyances chrétienne et mahométane. On la trouve consignée dans leur Boundehesh, ou Cosmogonie, ouvrage du temps des Sassanides, mais évidemment extrait ou traduit d'ouvrages plus anciens, et qu'Anquetil du Perron a retrouvé chez les Parsis

(1) Voyez la préface des frères Whiston sur Moïse de Chorène, pag. 4.

de l'Inde. La durée totale du monde ne doit être que de douze mille ans, ainsi il ne peut être encore bien ancien. L'apparition de *Cayoumortz* (l'homme taureau, le premier homme) est précédée de la création d'une grande eau (1).

Du reste, il serait aussi inutile de demander aux Parsis une histoire sérieuse pour les temps anciens qu'aux autres orientaux ; les Mages n'en ont pas plus laissé que les Brames ou les Chaldéens. Je n'en voudrais pour preuve que les incertitudes sur l'époque de Zoroastre. On prétend même que le peu d'histoire qu'ils pouvaient avoir, ce qui regardait les Achéménides, les successeurs de Cyrus jusqu'à Alexandre, a été altéré exprès, et d'après un ordre officiel d'un monarque Sassanide (2).

Pour retrouver des dates authentiques du commencement des empires, et des traces du grand cataclisme, il faut donc aller jusqu'au-delà des grands déserts de la Tartarie. Vers l'orient et vers le nord habite une autre race, dont toutes

---

(1) Zendavesta d'Anquetil, tom. II, pag 354.

(2) Mazoudi, ap. Sacy, manuscrits de la Bibliothèque du roi, tom. VIII, pag. 161.

les institutions, tous les procédés diffèrent autant des nôtres que sa figure et son tempérament. Elle parle en monosyllabes; elle écrit en hiéroglyphes arbitraires; elle n'a qu'une morale politique sans religion, car les superstitions de Fo lui sont venues des Indiens. Son teint jaune, ses joues saillantes, ses yeux étroits et obliques, sa barbe peu fournie, la rendent si différente de nous, qu'on est tenté de croire que ses ancêtres et les nôtres ont échappé à la grande catastrophe par deux côtés différens; mais, quoi qu'il en soit, ils datent leur déluge à peu près de la même époque que nous.

Le Chouking est le plus ancien des livres des Chinois (1); on assure qu'il fut rédigé par Confucius avec des lambeaux d'ouvrages antérieurs, il y a environ deux mille deux cent cinquante-cinq ans. Deux cents ans plus tard arriva, dit-on, la persécution des lettrés et la destruction des livres sous l'empereur Chi-Hoangti, qui voulait détruire les traces du gouvernement féodal établi sous la dynastie antérieure à la sienne.

---

(1) Voyez la préface de l'édition du Chouking, donnée par M. de Guignes.

Quarante ans plus tard, sous la dynastie qui avait renversé celle à laquelle appartenait Chi-Hoangti, une partie du Chouking fut restituée de mémoire par un vieux lettré, et une autre fut retrouvée dans un tombeau, mais près de la moitié fut perdue pour toujours. Or ce livre, le plus authentique de la Chine, commence l'histoire de ce pays par un empereur *Yao*, qu'il nous représente occupé à faire écouler les eaux *qui, s'étant élevées jusqu'au ciel, baignaient encore le pied des plus hautes montagnes, couvraient les collines moins élevées, et rendaient les plaines impraticables* (1). Ce Yao date, selon les uns, de quatre mille cent soixante-trois, selon les autres, de trois mille neuf cent quarante-trois ans avant le temps actuel. La variété des opinions sur cette époque va même jusqu'à deux cent quatre-vingt-quatre ans.

Quelques pages plus loin, on nous montre Yu, ministre et ingénieur, rétablissant le cours des eaux, élevant des digues, creusant des canaux, et réglant les impôts de chaque province dans toute la Chine, c'est-à-dire dans un empire de six

(1) Chouking, traduction française, pag. 9.

cents lieues en tout sens ; mais l'impossibilité de semblables opérations, après de semblables événemens, montre bien qu'il ne s'agit ici que d'un roman moral et politique (1).

Des historiens plus modernes ont ajouté une suite d'empereurs avant Yao, mais avec une foule de circonstances fabuleuses, sans oser leur assigner d'époques fixes, en variant sans cesse entre eux, même sur leur nombre et sur leurs noms, et sans être approuvés de tous leurs compatriotes. Fouhi, avec son corps de serpent, sa tête de bœuf et ses dents de tortue, ses successeurs non moins monstrueux, sont aussi absurdes, et n'ont pas plus existé qu'Encelade et Briarée.

Est-il possible que ce soit un simple hasard qui donne un résultat aussi frappant, et qui fasse remonter à peu près à quarante siècles l'origine traditionnelle des monarchies assyrienne, indienne et chinoise ? Les idées de peuples qui ont eu si peu de rapports ensemble, dont la langue, la religion, les lois n'ont rien de commun, s'ac-

---

(1) C'est le Yu-Kong ou le premier chap. de la deuxième partie du Chouking, pag. 43 à 60.

corderaient-elles sur ce point si elles n'avaient la vérité pour base?

Nous ne demanderons pas de dates précises aux Américains, qui n'avaient point de véritable écriture, et dont les plus anciennes traditions ne remontaient qu'à quelques siècles avant l'arrivée des Espagnols; et cependant l'on croit encore apercevoir des traces d'un déluge dans leurs grossiers hiéroglyphes. Ils ont leur Noé, ou leur Deucalion, comme les Indiens, comme les Babyloniens, comme les Grecs (1).

La plus dégradée des races humaines, celle des nègres, dont les formes s'approchent le plus de la brute, et dont l'intelligence ne s'est élevée nulle part au point d'arriver à un gouvernement régulier, ni à la moindre apparence de connaissances suivies, n'a conservé nulle part d'annales ni de traditions anciennes. Elle ne peut donc nous instruire sur ce que nous cherchons, quoique tous ses caractères nous montrent clairement qu'elle a échappé à la grande catastrophe sur un autre point que les races caucasique et altaïque,

---

(1) Voyez l'excellent et magnifique ouvrage de M. de Humboldt sur les monumens mexicains.

dont elle était peut-être séparée depuis long-temps quand cette catastrophe arriva.

Mais, dit-on, si les anciens peuples ne nous ont pas laissé d'histoire, leur longue existence en corps de nation n'en est pas moins attestée par les progrès qu'ils avaient faits dans l'astronomie ; par des observations dont la date est facile à assigner, et même par des monumens encore subsistans et qui portent eux-mêmes leurs dates.

Ainsi, la longueur de l'année, telle que les Egyptiens sont supposés l'avoir déterminée d'après le lever héliaque de Sirius, se trouve juste pour une période comprise entre l'année trois mille et l'année mille avant Jésus-Christ, période dans laquelle tombent aussi les traditions de leurs conquêtes et de la grande prospérité de leur empire. Cette justesse prouve à quel point ils avaient porté l'exactitude de leurs observations, et fait sentir qu'ils se livraient depuis long-temps à des travaux semblables.

Pour apprécier ce raisonnement, il est nécessaire que nous entrions ici dans quelques explications.

Le solstice est le moment de l'année où commence la crue du Nil, et celui que les Egyptiens ont dû observer avec le plus d'attention. S'étant fait dans l'origine, sur de mauvaises observations, une année civile ou sacrée de trois cent soixante-cinq jours juste, ils voulurent la conserver par des motifs superstitieux, même après qu'ils se furent aperçus qu'elle ne s'accordait pas avec l'année naturelle ou tropique, et ne ramenait pas les saisons aux mêmes jours (1). Cependant c'était cette année tropique qu'il leur importait de marquer pour se diriger dans leurs opérations agricoles. Ils durent donc chercher dans le ciel un signe apparent de son retour, et ils imaginèrent qu'ils trouveraient ce signe quand le soleil reviendrait à la même position, relativement à quelque étoile remarquable. Ainsi ils s'appliquèrent, comme presque tous les peuples qui commencent cette recherche, à observer les levers et les couchers héliaques des astres. Nous savons qu'ils choisirent particulièrement le lever héliaque de Sirius; d'abord, sans doute, à cause de la beauté de l'étoile, et surtout parce que dans ces anciens

(1) Geminus, contemporain de Cicéron, explique au long leurs motifs. Voyez l'édition qu'en donne M. Halma à la suite du Ptolomée, page 43.

temps ce lever de Sirius coïncidant à peu près avec le solstice, et annonçant l'inondation, était pour eux le phénomène de ce genre le plus important. Il arriva même de là que Sirius, sous le nom de Sothis, joua le plus grand rôle dans toute leur mythologie et dans leurs rites religieux. Supposant donc que le retour du lever héliaque de Sirius et l'année tropique étaient de même durée, et croyant enfin reconnaître que cette durée était de trois cent soixante-cinq jours et un quart, ils imaginèrent une période après laquelle l'année tropique et l'ancienne année, l'année sacrée de trois cent soixante-cinq jours seulement, devaient revenir au même jour ; période qui, d'après ces données peu exactes, était nécessairement de mille quatre cent soixante-une années sacrées et de mille quatre cent soixante de ces années perfectionnées auxquelles ils donnèrent le nom d'années de Sirius.

Ils prirent pour point de départ de cette période, qu'ils appelèrent année sothiaque ou grande année, une année civile, dont le premier jour était ou avait été aussi celui d'un lever héliaque de Sirius ; et l'on sait, par le témoignage positif de Censorin, qu'une de ces grandes années avait pris fin en cent trente-huit de Jésus-Christ (1) : par conséquent elle avait commencé en mille trois cent vingt-deux avant Jésus-Christ, et celle qui l'avait précédée en deux mille sept cent quatre-vingt-deux. En effet, par des calculs de M. Ideler, on reconnaît que Sirius s'est levé héliaquement le 20 juillet de l'année julienne cent trente-neuf, jour qui répondait cette année-là au premier de Thot ou au premier jour de l'année sacrée égyptienne (2).

Mais non seulement la position du soleil, par rapport aux étoiles de l'écliptique, ou l'année sidérale, n'est pas la même que l'année tropique, à cause de la précession des équinoxes ; l'année héliaque d'une étoile, ou la période de son lever héliaque, surtout lorsqu'elle est éloignée de l'écliptique, diffère encore de l'année sidérale, et en diffère diversement selon les latitudes des lieux où on l'observe. Ce qui est assez singulier

(1) Tout ce système est développé par Censorin : de Die natali, cap. XVIII et XXI.

(2) Ideler. Recherches historiques sur les observations astronomiques des anciens, traduction de M. Halma, à la suite de son Canon de Ptolomée, pag. 32 et suivantes.

cependant, et ce que déjà Bainbridge (1) et le père Petau (2) ont fait observer (3), il est arrivé, par un concours remarquable dans les positions, que sous la latitude de la Haute-Egypte, à une certaine époque et pendant un certain nombre de siècles, l'année de Sirius était réellement, à très-peu de chose près, de trois cent soixante-cinq jours un quart; en sorte que le lever héliaque de cette étoile revint en effet au même jour de l'année julienne, au 20 juillet, en 1322 avant et en 138 après Jésus-Christ (4).

---

(1) Bainbridge. Canicul.

(2) Petau, Var. Diss., lib. v, cap 6, pag 108.

(3) Voyez aussi La Nauze, sur l'année égyptienne, Académie des belles-lettres, tom. xiv, pag. 346; et le Mémoire de M. Fourier, dans le grand ouvrage sur l'Égypte, Mém., tom. 1, pag. 803.

(4) Petau, loc. cit. M. Ideler affirme que cette rencontre du levier héliaque de Sirius eut aussi lieu en 2782 avant Jésus Christ. (Recherches historiques dans le Ptolomée de M. Halma, tom. iv, pag. 37.) Mais pour l'année julienne 1598 de Jésus-Christ, qui est aussi la dernière d'une grande année, le père Petau et M. Ideler diffèrent beaucoup entre eux. Celui-ci met le lever héliaque de Sirius au 22 juillet; le premier le place au 19 ou au 20 d'août.

De cette coïncidence effective, à cette époque reculée, M. le baron Fourier, qui a constaté tous ces rapports par un grand travail et par de nouveaux calculs, conclut que puisque la longueur de l'année de Sirius était si parfaitement connue des Egyptiens, il fallait qu'ils l'eussent déterminée sur des observations faites pendant long-temps et avec beaucoup d'exactitude, observations qui remontaient au moins à deux mille cinq cents ans avant notre ère, et qui n'auraient pu se faire ni beaucoup avant ni beaucoup après cet intervalle de temps (1).

Certainement ce résultat serait très frappant si c'était directement et par des observations faites sur Sirius lui même qu'ils eussent fixé la longueur de l'année de Sirius; mais des astronomes expérimentés affirment qu'il est impossible que le lever héliaque d'une étoile ait pu servir de base à des observations exactes sur un pareil sujet, surtout dans un climat où *le tour de l'ho-*

(1) Voyez, dans le grand ouvrage sur l'Égypte, Antiquités, Mémoires, t. 1, pag. 803, l'ingénieux Mémoire de M. Fourier, intitulé Recherches sur les sciences et le gouvernement de l'Égypte.

rizon est toujours tellement chargé de vapeurs, que dans les belles nuits on ne voit jamais d'étoiles à quelques degrés au dessus de l'horizon, dans les seconde et troisième grandeurs, et que le soleil même, à son lever et à son coucher, se trouve entièrement déformé (1). Ils soutiennent que si la longueur de l'année n'eût pas été reconnue autrement, on aurait pu s'y tromper d'un et de deux jours (2). Ils ne doutent donc pas que cette durée de trois cent soixante-cinq jours un quart ne soit celle de l'année tropique, mal déterminée par l'observation de l'ombre ou par celle du point où le soleil se levait chaque jour, et identifiée par ignorance avec l'année héliaque de Sirius ; en sorte que ce serait un pur hasard qui aurait fixé avec tant de justesse la durée de celle-ci pour l'époque dont il est question (3).

---

(1) Ce sont les expressions de feu Nouet, astronome de l'expédition d'Égypte. Voyez Volney, Recherches nouvelles sur l'histoire ancienne, tome III.

(2) Delambre, Abrégé d'Astronomie, pag. 217, et dans sa note sur les paranatellons, Histoire de l'Astronomie du moyen âge, page lij.

(3) Delambre. Rapport sur le Mémoire de M. de Paravey sur la sphère, dans le tome VIII des nouvelles Annales des Voyages.

Peut-être jugera-t-on aussi que des hommes capables d'observations si exactes, et qui les auraient continuées pendant si long-temps, n'auraient pas donné à Sirius assez d'importance pour lui vouer un culte ; car ils auraient vu que les rapports de son lever avec l'année tropique et avec la crue du Nil n'étaient que temporaires, et n'avaient lieu qu'à une latitude déterminée. En effet, selon les calculs de M. Ideler, en 2782 avant Jésus-Christ, Sirius se montra dans la Haute-Egypte, le deuxième jour après le solstice ; en 1322, le treizième ; et en 139 de Jésus-Christ, le vingt-sixième (1). Aujourd'hui il ne se lève héliaquement que plus d'un mois après le solstice. Les Egyptiens se seraient donc attachés de préférence à trouver l'époque qui ramènerait la coïncidence du commencement de leur année sacrée avec celui de la véritable année tropique ; et alors ils auraient reconnu que leur grande période devait être de mille cinq cent huit années sacrées, et non pas de mille quatre cent soixante-une (2). Or, on ne trouve certai-

(1) Ideler, loc. cit., pag. 38.

(2) Voyez Laplace, Système du Monde, troisième édition, page 17, et Annuaire de 1818.

nement aucune trace de cette période de mille cinq cent huit ans dans l'antiquité.

En général, peut-on se défendre de l'idée que si les Egyptiens avaient eu de si longues suites d'observations et d'observations exactes, leur disciple Eudoxe, qui étudia treize ans parmi eux, aurait porté en Grèce une astronomie plus parfaite, des cartes du ciel moins grossières, plus cohérentes dans leurs diverses parties(1)?

Comment la précession n'aurait-elle été connue aux Grecs que par les ouvrages d'Hipparque, si elle eût été consignée dans les registres des Egyptiens, et écrite en caractères si manifestes aux plafonds de leurs temples?

Comment enfin Ptolomée, qui écrivait en Egypte, n'aurait-il daigné se servir d'aucune des observations des Egyptiens (2)?

Il y a plus, c'est qu'Hérodote, qui a tant vécu

(1) Voyez, sur la grossièreté des déterminations de la sphère d'Eudoxe, M. Delambre, dans le premier tome de son Histoire de l'Astronomie ancienne, pag. 120 et suivantes.

(2) Voyez le discours préliminaire de l'Histoire de l'Astronomie du moyen âge, par M. Delambre, pag. viij et suivantes.

avec eux, ne parle nullement de ces six heures qu'ils ajoutaient à l'année sacrée, ni de cette grande période sothiaque qui en résultait; il dit au contraire positivement que, les Egyptiens faisant leur année de trois cent soixante-cinq jours, les saisons reviennent au même point, en sorte que de son temps on ne paraît pas encore s'être douté de la nécessité de ce quart de jour (1). Thalès, qui avait visité les prêtres d'Egypte moins d'un siècle avant Hérodote, ne fit aussi connaître à ses compatriotes qu'une année de trois cent soixante-cinq jours seulement (2); et si l'on réfléchit que les colonies sorties de l'Egypte quatorze ou quinze cents ans avant Jésus-Christ, les Juifs, les Athéniens, en ont toutes apporté l'année lunaire, on jugera peut-être que l'année de trois cent soixante-cinq jours elle-même n'existait pas encore en Egypte dans ces siècles reculés.

Je n'ignore pas que Macrobe (3) attribue aux Egyptiens une année solaire de trois cent soixante-

(1) Euterpe, chapitre IV

(2) Diog. Laert., lib. 1, in Thalet.

(3) Saturnal., lib. 1, cap. XV.

cinq jours un quart; mais cet auteur récent comparativement, et venu long-temps après l'établissement de l'année fixe d'Alexandrie, a pu confondre les époques. Diodore (1) et Strabon (2) ne donnent une telle année qu'aux Thébains : ils ne disent pas qu'elle fût d'un usage général, et eux-mêmes ne sont venus que long-temps après Hérodote.

Ainsi l'année sothiaque, la grande année, a dû être une invention assez récente, puisqu'elle résulte de la comparaison de l'année civile avec cette prétendue année héliaque de Sirius; et c'est pourquoi il n'en est parlé que dans des ouvrages du second et du troisième siècle après Jésus-Christ (3), et que le Syncelle seul, dans le neuvième, semble citer Manéthon comme en ayant fait mention.

On prend, malgré qu'on en ait, les mêmes

---

(1) Bibl., lib. 1, pag. mea 46.

(2) Geogr., pag. 102.

(3) Voyez, sur la nouveauté probable de cette période, l'excellente dissertatton de M. Biot, dans ses Recherches sur plusieurs points de l'astronomie égyptienne, pag. 148 et suivantes.

idées de la science astronomique des Chaldéens. Qu'un peuple qui habitait de vastes plaines, sous un ciel toujours pur, ait été porté à observer le cours des astres, même dès l'époque où il était encore nomade, et où les astres seuls pouvaient diriger ses courses pendant la nuit, c'est ce qu'il était naturel de penser; mais depuis quand étaient-ils astronomes, et jusqu'où ont-ils poussé l'astronomie? Voilà la question. On veut que Callisthènes ait envoyé à Aristote des observations faites par eux, et qui remonteraient à deux mille deux cents ans avant Jésus-Christ. Mais ce fait n'est rapporté que par Simplicius (1), à ce qu'il dit d'après Porphyre, et six cents ans après Aristote. Aristote lui-même n'en a rien dit; aucun véritable astronome n'en a parlé. Ptolomée rapporte et emploie dix observations d'éclipses véritablement faites par les Chaldéens; mais elles ne remontent qu'à Nabonassar (sept cent vingt-un

(1) Voyez M. Delambre, Histoire de l'Astronomie, tom. 1, pag. 212. Voyez aussi son analyse de Geminus, *ibid.*, pag. 211. Comparez-la avec les Mémoires de M. Ideler, sur l'Astronomie des Chaldéens, dans le quatrième tome du Ptolomée de M. Halma, pag. 166.

ans avant Jésus-Christ) ; elles sont grossières ; le temps n'y est exprimé qu'en heures et en demi-heures, et l'ombre qu'en demi ou en quarts de diamètre. Cependant, comme elles avaient des dates certaines, les Chaldéens devaient avoir quelque connaissance de la vraie longueur de l'année et quelque moyen de mesurer le temps. Ils paraissent avoir connu la période de dix-huit ans qui ramène les éclipses de lune dans le même ordre, et que la simple inspection de leurs registres devait promptement leur donner ; mais il est constant qu'ils ne savaient ni expliquer ni prédire les éclipses de soleil.

C'est pour n'avoir pas entendu un passage de Josèphe, que Cassini, et d'après lui Bailly, ont prétendu y trouver une période luni-solaire de six cents ans qui aurait été connue des premiers patriarches (1).

Ainsi tout porte à croire que cette grande réputation des Chaldéens leur a été faite, à des époques récentes, par les indignes successeurs

(1) Voyez Bailly, Histoire de l'Astronomie ancienne; et M. Delambre, dans son ouvrage sur le même sujet, tom. 1, pag. 3.

qui, sous le même nom, vendaient dans tout l'empire romain des horoscopes et des prédictions, et qui, pour se procurer plus de crédit, attribuaient à leurs grossiers ancêtres l'honneur des découvertes des Grecs.

Quant aux Indiens, chacun sait que Bailly, croyant que l'époque qui sert de point de départ à quelques-unes de leurs tables astronomiques avait été effectivement observée, a voulu en tirer une preuve de la haute antiquité de la science parmi ce peuple, ou du moins chez la nation qui lui aurait légué ses connaissances ; mais tout ce système si péniblement conçu tombe de lui-même, aujourd'hui qu'il est prouvé que cette époque a été adoptée après coup sur des calculs faits en rétrogradant, et dont le résultat était faux (1).

M. Bentley a reconnu que les tables de Tirvalour, sur lesquelles portait surtout l'assertion de Bailly, ont dû être calculées ves 1281 de Jésus-Christ (il y a cinq cent quarante ans) et que le

(1) Voyez Laplace, Exposé du Système du Monde, pag. 330; et le Mémoire de M. Davis, sur les calculs astronomiques des Indiens, Mém. de Calcutta, tom, II, pag 225 de l'édition in-8°.

Surya-Siddhanta, que les brames regardent comme leur plus ancien traité scientifique d'astronomie, et qu'ils prétendent révélé depuis plus de vingt millions d'années, ne peut avoir été composé qu'il y a environ sept cent soixante ans (1).

Des solstices, des équinoxes indiqués dans les Pouranas, et calculés d'après les positions que semblaient leur attribuer les signes du zodiaque indien, tels qu'on croyait les connaître, avaient paru d'une antiquité énorme. Une étude plus exacte de ces signes ou nacchatrons a montré récemment à M. de Paravey qu'il ne s'agit que de solstices de douze cents ans avant Jésus-Christ. Cet auteur avoue en même temps que le lieu de ces solstices est si grossièrement fixé, qu'on ne peut répondre de cette détermination à deux ou trois siècles près. Ce sont les mêmes que ceux d'Eudoxe, que ceux de Tchéoukong (2).

Il est bien avéré que les Indiens n'observent

(1) Voyez les Mémoires de M. Bentley sur l'antiquité du Surya-Siddhanta, Mém. de Calcutta, tom. VI, p. 540; et sur les systèmes astronomiques des Indiens, *ibid.*, tom. VIII, page 195 de l'édition in-8°.

(2) Mémoires encore manuscrits de M. de Paravey, sur la sphère de la Haute-Asie.

pas, et qu'ils ne possèdent aucun des instrumens nécessaires pour cela. M. Delambre reconnaît à la vérité, avec Bailly et Legentil, qu'ils ont des procédés de calculs qui, sans prouver l'ancienneté de leur astronomie, en montrent au moins l'originalité (1); et toutefois on ne peut étendre cette conclusion à leur sphère; car, indépendamment de leurs vingt-sept nacchatrons ou maisons lunaires, qui ressemblent beaucoup à celles des Arabes, ils ont au zodiaque les mêmes douze constellations que les Egyptiens, les Chaldéens et les Grecs (2); et si l'on s'en rapportait aux assertions de M. Wilford, leurs constellations extra-zodiacales seraient aussi les mêmes que celles des Grecs, et porteraient des noms qui ne sont que de légères altérations de leurs noms grecs (3).

---

(1) Voyez le traité approfondi sur l'astronomie des Indiens dans l'Histoire de l'Astronomie ancienne de M. Delambre, tom. I, pag. 400 à 556

(2) Voyez le Mémoire de sir Will. Johnes sur l'antiquité du zodiaque indien, Mém. de Calcutta, tom. II, pag. 289 de l'édition in-8°, et dans la traduction française, tom. II, pag. 332.

(3) Voici les propres paroles de M. Wilford, dans son

C'est à Yao que l'on attribue l'introduction de l'astronomie à la Chine : il envoya, dit le Chou-king, des astronomes vers les quatre points cardinaux de son empire, pour examiner quelles étoiles présidaient aux quatre saisons, et pour régler ce qu'il y avait à faire dans chaque temps de l'année (1), comme s'il eût fallu se disperser

---

Mémoire sur les témoignages des anciens livres indous touchant l'Égypte et le Nil, Mémoires de Calcutta, tom. III, pag. 433 de l'édition in-8 :

« Ayant demandé à mon pandit, qui est un savant as-» tronome, de me désigner dans le ciel la constellation » d'Antarmada, il me dirigea aussitôt sur Andromède, » que j'avais eu soin de ne pas lui montrer comme un » astérisme qui me serait connu. Il m'apporta ensuite » un livre très-rare et très-curieux, en sanscrit, où se » trouvait un chapitre particulier sur les Upanacshatras » ou constellations extra-zodiacales, avec des dessins » de Capéya, de Câsyapé assise, tenant une fleur de lo-» tus à la main, d'Antarmada enchaînée avec le poisson » près d'elle, et de Pârasica tenant la tête d'un monstre » qu'il avait tué, dégouttant de sang et avec des serpens » pour cheveux. »

Qui ne reconnaîtrait là Persée, Céphée et Cassiopée? Mais n'oublions pas que ce pandit de M. Wilford est devenu bien suspect.

(1) Chouking, pag. 6 et 7.

pour une semblable opération. Environ deux cents ans plus tard, le Chouking parle d'une éclipse de soleil, mais avec des circonstances ridicules, comme dans toutes les fables de cette espèce ; car on fait marcher un général et toute l'armée chinoise contre deux astronomes, parce qu'ils ne l'avaient pas bien prédite (1) ; et l'on sait que, plus de deux mille ans après, les astronomes chinois n'avaient aucun moyen de prédire exactement les éclipses de soleil. En 1629 de notre ère, lors de leur dispute avec les jésuites, ils ne savaient pas même calculer les ombres.

Les véritables éclipses, rapportées par Confucius dans sa Chronique du royaume de Lou, ne commencent que mille quatre cents ans après celle-là, en 776 avant Jésus-Christ, et à peine un demi-siècle plus haut que celles des Chaldéens rapportées par Ptolomée ; tant il est vrai que les nations échappées en même temps à la destruction sont aussi arrivées vers le même temps, quand les circonstances ont été semblables, à un même degré de civilisation. Or, on croirait, d'après l'identité de nom des astronomes chinois

(1) Chouking, pag. 66 et suivantes.

sous différens règnes (ils paraissent, d'après le Chouking, s'être tous appelés *Hi* et *Ho*), qu'à cette époque reculée, leur profession était héréditaire en Chine comme dans l'Inde, en Egypte et à Babylone.

La seule observation chinoise plus ancienne, qui ne porte pas en elle-même la preuve de sa fausseté, serait celle de l'ombre faite par Tcheou-Kong vers 1100 avant Jésus-Christ; encore est-elle au moins assez grossière (1).

Ainsi nos lecteurs peuvent juger que les inductions tirées d'une haute perfection de l'astronomie des anciens peuples ne sont pas plus concluantes en faveur de l'excessive antiquité de ces peuples que les témoignages qu'ils se sont rendus à eux-mêmes.

Mais, quand cette astronomie aurait été plus parfaite, que prouverait-elle? A-t-on calculé les progrès que devait faire une science dans le sein de nations qui n'en avaient en quelque sorte point d'autres; chez qui la sérénité du ciel, les besoins

(1) Voyez dans la Connaissance des Temps de 1809, pag. 382, et dans l'Histoire de l'Astronomie ancienne de M. Delambre, tom. I, pag. 391, l'extrait d'un Mémoire du P. Gaubil sur les observations des Chinois.

de la vie pastorale ou agricole, et la superstition faisaient des astres l'objet de la contemplation générale; où des colléges d'hommes les plus respectés étaient chargés de tenir registre des phénomènes intéressans, et d'en transmettre la mémoire; où l'hérédité de la profession faisait que les enfans étaient dès le berceau nourris dans les connaissances acquises par leurs pères? Que parmi les nombreux individus dont l'astronomie était la seule occupation, il se soit trouvé un ou deux esprits géométriques, et tout ce que ces peuples ont su a pu se découvrir en quelques siècles.

Songeons que, depuis les Chaldéens, la véritable astronomie n'a eu que deux âges, celui de l'école d'Alexandrie qui a duré quatre cents ans, et le nôtre qui n'a pas été aussi long. A peine l'âge des Arabes y a-t-il ajouté quelque chose. Les autres siècles ont été nuls pour elle. Il ne s'est pas écoulé trois cents ans entre Copernic et l'auteur de la Mécanique céleste, et l'on veut que les Indiens aient eu besoin de milliers d'années pour arriver à leurs informes théories (1)?

(1 Le traducteur anglais de ce discours cite, à ce

Les monumens astronomiques laissés par les anciens ne portent pas les dates excessivement reculées que l'on a cru y voir.

On a donc eu recours à des argumens d'un autre genre. On a prétendu qu'indépendamment de ce qu'ils ont pu savoir, ces peuples ont laissé des monumens qui portent, par l'état du ciel qu'ils représentent, une date certaine et une date très-reculée; et les zodiaques sculptés dans deux temples de la Haute-Egypte parurent, il y a quelques années, fournir pour cette assertion des preuves tout-à-fait démonstratives. Ils offrent les mêmes figures des constellations zodiacales que nous employons aujourd'hui, mais distribuées d'une façon particulière. On crut voir dans cette distribution une représentation de l'état du ciel au moment où l'on avait dessiné ces monumens, et l'on pensa qu'il serait possible d'en conclure la date de la construction des édifices qui les contiennent (1).

---

sujet, l'exemple du célèbre James Ferguson, qui était berger dans son enfance, et qui, en gardant les troupeaux pendant la nuit, eut de lui-même l'idée de se faire une carte céleste, et la dessina peut-être mieux qu'aucun astronome chaldéen. On raconte quelque chose d'assez semblable de Jamerey Duval.

(1) Ainsi à Dendera (l'ancienne Tentyris), ville au dessous de Thèbes, dans le portique du grand temple

Mais pour en venir à la haute antiquité que l'on prétendait en déduire, il fallut supposer premièrement que leur division avait un rapport

---

dont l'entrée regarde le nord (*), on voit au plafond les signes du zodiaque marchant sur deux bandes, dont l'une est le long du côté oriental et l'autre du côté opposé : elles sont embrassées chacune par une figure de femme aussi longue qu'elle, dont les pieds sont vers l'entrée, la tête et les bras vers le fond du portique : par conséquent les pieds sont au nord et les têtes au sud.

Le lion est à la tête de la bande qui est à l'occident; il se dirige vers le nord ou vers les pieds de la figure de femme, et il a lui-même les pieds vers le mur oriental. La vierge, la balance, le scorpion, le sagittaire et le capricorne, le suivent, marchant sur une même ligne. Ce dernier se trouve vers le fond du portique et près des mains et de la tête de la grande figure de femme. Les signes de la bande orientale commencent à l'extrémité où ceux de l'autre bande finissent, et se dirigent par conséquent vers le fond du portique ou vers les bras de la grande figure. Ils ont les pieds vers le mur latéral de leur côté, et les têtes en sens contraire de celles de la bande opposée. Le verseau marche le premier suivi des poissons, du bélier, du taureau, des gémeaux. Le dernier de la série, qui est le cancer ou plutôt le scarabé, car c'est par

(*) V. le grand ouvrage sur l'Egypte, Antiquités, vol. IV, pl. XX.

déterminé avec un certain état du ciel, dépendant de la précession des équinoxes, qui fait faire aux colures le tour du zodiaque en vingt-six mille ans ; qu'elle indiquait, par exemple,

---

cet insecte que le cancer des Grecs est remplacé dans les zodiaques d'Égypte, est jeté de côté sur les jambes de la grande figure. A la place qu'il aurait dû occuper est un globe posé sur le sommet d'une pyramide composée de petits triangles qui représentent des espèces de rayons, et devant la base de laquelle est une grande tête de femme avec deux petites cornes. Un second scarabé est placé de côté et en travers sur la première bande, dans l'angle que les pieds de la grande figure forment avec le corps et en avant de l'espace où marche le lion, lequel est un peu en arrière. A l'autre bout de cette même bande, le capricorne est très près du fond ou des bras de la grande figure, et sur la bande à gauche le verseau en est assez éloigné : cependant le capricorne n'est pas répété comme le cancer. La division de ce zodiaque, dès l'entrée, se fait donc entre le lion et le cancer ; ou si l'on pense que la répétition du scarabé marque une division du signe, elle a lieu dans le cancer lui-même ; mais celle du fond se fait entre le capricorne et le verseau.

Dans une des salles intérieures du même temple était un planisphère circulaire inscrit dans un carré, celui-là même qui a été apporté à Paris par M. Lelorrain, et que l'on voit à la Bibliothèque du Roi. On y remarque aussi

la position du point solsticial ; et secondement, que l'état du ciel représenté était précisément celui qui avait lieu à l'époque où le monument a été construit ; deux suppositions qui en suppo-

---

les signes du zodiaque parmi beaucoup d'autres figures qui paraissent représenter des constellations (*).

Le lion y répond à l'une des diagonales du carré ; la vierge, qui le suit, répond à une ligne perpendiculaire qui est dirigée vers l'orient ; les autres signes marchent dans l'ordre connu jusqu'au cancer, qui, au lieu de compléter la chaîne en répondant au niveau du lion, est placé au-dessus de lui, plus près du centre du cercle, en sorte que les signes sont sur une ligne un peu spirale.

Ce cancer, ou plutôt ce scarabé, marche en sens contraire des autres signes. Les gémeaux répondent au nord, le sagittaire au midi et les poissons à l'orient, mais pas très-exactement. Au côté oriental de ce planisphère est une grande figure de femme, la tête dirigée vers le midi et les pieds vers le nord, comme celle du portique.

On pourrait donc aussi élever quelque doute sur le point de ce second zodiaque où il faudrait commencer la série des signes. Suivant que l'on prendra une des perpendiculaires ou une des diagonales, ou l'endroit où une partie de la série passe sur l'autre partie, on le jugera

(*) Voyez le grand ouvrage sur l'Égypte, Antiquités, vol. IV, planche XXI.

saient elles-mêmes, comme on voit, un grand nombre d'autres.

En effet, les figures de ces zodiaques sont-elles les constellations, les vrais groupes d'étoiles qui

---

divisé au lion, ou bien entre le lion et le cancer, ou bien enfin aux gémeaux.

A Esné (l'ancienne Latopolis), ville placée au dessus de Thèbes, il y a des zodiaques aux plafonds de deux temples différens.

Celui du grand temple, dont l'entrée regarde le levant, est sur deux bandes contiguës et parallèles l'une à l'autre le long du côté sud du plafond (*).

Les figures de femmes qui les embrassent ne sont pas sur leur longueur, mais sur leur largeur, en sorte que l'une est en travers près de l'entrée ou à l'orient, la tête et les bras vers le nord, et les pieds vers le mur latéral ou vers le sud, et que l'autre est dans le fond du portique également en travers et regardant la première.

La bande la plus voisine de l'axe du portique ou du nord présente d'abord, du côté de l'entrée ou de l'orient et vers la tête de la figure de femme, le lion placé un peu en arrière et marchant vers le fond, les pieds du côté du mur latéral ; derrière le lion, à l'origine de la bande, sont deux lions plus petits ; au devant de lui est le scarabé, et ensuite les gémeaux marchant dans le même

(*) Voyez le grand ouvrage sur l'Egypte, vol. I, pl. LXXIX.

portent aujourd'hui les mêmes noms, ou simplement ce que les astronomes appellent des signes, c'est-à-dire des divisions du zodiaque partant de

---

sens; puis le taureau et le bélier, et les poissons, rapprochés les uns des autres, placés en travers sur le milieu de la bande; le taureau la tête vers le mur latéral, le bélier vers l'axe. Le verseau est plus loin, et reprend la même direction vers le fond que les trois premiers signes.

Sur la bande la plus voisine du mur latéral et du nord, l'on voit d'abord, mais assez loin du mur du fond ou de l'occident, le capricorne, qui marche en sens contraire du verseau, et se dirige vers l'orient ou l'entrée du portique, les pieds tournés vers le mur latéral. Tout près de lui est le sagittaire, qui répond ainsi aux poissons et au bélier. Il marche aussi vers l'entrée; mais ses pieds sont tournés vers l'axe et en sens contraire de ceux du capricorne.

A une certaine distance en avant, et près l'un de l'autre, sont le scorpion et une femme tenant la balance; enfin un peu plus en avant, mais encore assez loin de l'extrémité antérieure ou orientale, est la vierge, qui est précédée d'un sphinx. La vierge et la femme qui tient la balance ont aussi les pieds vers le mur, en sorte que le sagittaire est le seul qui soit placé la tête à l'envers des autres signes.

Au nord d'Ésné est un petit temple isolé, également dirigé vers l'orient, et dont le portique a encore un zodia-

l'un des colures, quelque place que ce colure occupe ?

Le point où l'on a partagé ces zodiaques en

---

que (*) ; il est sur deux bandes latérales et écartées; celle qui est le long du côté sud commence par le lion, qui marche vers le fond ou vers l'occident, les pieds tournés vers le mur ou le sud, il est précédé du scarabé, et celui-ci des gémeaux marchant dans le même sens. Le taureau, au contraire, vient à leur rencontre, se dirigeant à l'orient ; mais le bélier et les poissons reprennent la direction vers le fond ou vers l'occident.

A la bande du coté du nord, le verseau est près du fond ou de l'occident, marchant vers l'entrée ou l'orient, les pieds tournés vers le mur, précédé du capricorne et du sagittaire, qui marchent dans le même sens. Les autres signes sont perdus ; mais il est clair que la vierge devait marcher en tête de cette bande du coté de l'entrée.

Parmi les figures accessoires de ce petit zodiaque on doit remarquer deux béliers ailés placés en travers, l'un entre le taureau et les gémeaux, l'autre entre le scorpion et le sagittaire, et chacun presque au milieu de sa bande, le second cependant un peu plus avancé vers l'entrée.

On avait pensé d'abord que dans le grand zodiaque d'Esné la division de l'entrée se fait entre la vierge et le

(*) Voyez le grand ouvrage sur l'Égypte, Antiquités, vol. I, planche LXXXVII.

deux bandes est-il nécessairement celui d'un solstice?

La division du côté de l'entrée est-elle nécessairement celle du solstice d'été?

Cette division indique-t-elle, même en général, un phénomène dépendant de la précession des équinoxes?

Ne se rapporterait-elle pas à quelque époque dont la rotation serait moindre; par exemple, au moment de l'année tropique où commençait telle ou telle des années sacrées des Egyptiens, lesquelles, étant plus courtes que la véritable année tropique de près de six heures, faisaient le tour du zodiaque en mille cinq cents huit ans.

---

lion, et celle du fond entre les poissons et le verseau. Mais M. Hamilton, MM. de Jollois et Villiers ont cru voir dans le sphinx qui précède la vierge une répétition du lion analogue à celle du cancer dans le grand zodiaque de Dendera; en sorte que, selon eux, la division aurait lieu dans le lion. En effet, sans cette explication, il n'y aurait que cinq signes d'un coté et sept de l'autre.

Quant au petit zodiaque du nord d'Esné, on ne sait si quelque emblème analogue à ce sphinx s'y trouvait, parce que cette partie est détruite (*).

(*) British Review, février 1817, pag. 136; et à la suite de la Lettre critique sur la Zodiacomanie, pag. 33.

Enfin, quelque sens qu'elle ait eu, a-t-on voulu marquer par-là le temps où le zodiaque a été sculpté, ou celui où le temple a été construit? N'a-t-on pas eu l'idée de rappeler un état antérieur du ciel à quelque époque intéressante pour la religion, soit qu'on l'ait observé ou qu'on l'ait conclu par un calcul rétrograde?

D'après le seul énoncé de pareilles questions, on doit sentir tout ce qu'elles avaient de compliqué, et combien la solution quelconque que l'on aurait adoptée devait être sujette à controverse, et peu susceptible de servir elle-même de preuve solide à la solution d'un autre problème tel que l'antiquité de la nation égyptienne. Aussi peut-on dire que parmi ceux qui essayèrent de tirer de ces données une date, il s'éleva autant d'opinions qu'il y eut d'auteurs.

Le savant astronome M. Burkard, d'après un premier aperçu, jugea qu'à Dendera le solstice est dans le lion, par conséquent de deux signes moins reculé qu'aujourd'hui, et que le temple a au moins quatre mille ans (1).

---

(1) Description des pyramides de Gizé, par M. Grobert, page 117.

Il en donnait en même temps sept mille à celui d'Esné, sans que l'on sache trop comment il entendait faire accorder ces nombres avec ce que l'on connaît de la précession des équinoxes.

Feu Lalande, voyant que le cancer était répété sur les deux bandes, imagina que le solstice passait au milieu de cette constellation; mais comme c'était ce qui avait lieu dans la sphère d'Eudoxe, il conclut que quelque Grec pouvait avoir représenté cette sphère au plafond d'un temple égyptien, sans savoir qu'il représentait un état du ciel qui depuis long-temps n'existait plus (1). C'était, comme on voit, une conséquence bien contraire à celle de M. Burkard.

Dupuis, le premier, crut nécessaire de chercher des preuves de cette idée, en quelque sorte adoptée de confiance, qu'il s'agissait du solstice; il les vit, pour le grand zodiaque de Dendera, dans ce globe au sommet de la pyramide, et dans plusieurs emblèmes placés près de différens signes, et qui tantôt, selon d'anciens auteurs, comme Plutarque, Horus-Apollo ou Clément d'Alexandrie, tantôt, selon ses propres

(1) Connaissance des temps pour l'an XIV.

conjectures, devaient représenter des phénomènes qui auraient été réellement ceux des saisons affectées à chaque signe.

Du reste, il soutient que cet état du ciel donne la date du monument, et que l'on avait à Dendera l'original et non pas une copie de la sphère d'Eudoxe, ce qui le conduisit à mille quatre cent soixante-huit ans avant Jésus-Christ, au règne de Sésostris.

Cependant ce nombre de dix-neuf bateaux placés sous chaque bande lui donna l'idée que le solstice pourrait bien avoir été au dix-neuvième degré du signe, ce qui ferait deux cent quatre-vingt-huit ans de plus (1).

M. Hamilton (2) ayant remarqué qu'à Dendera le scarabé du côté des signes ascendans est plus petit que celui de l'autre côté, un auteur anglais (3) en a conclu que le solstice peut avoir été

(1) Observations sur le zodiaque de Dendera, dans la Revue philosophique et littéraire, en 1806, deuxième trimestre, pages 257 et suivantes.

(2) Ægyptiaca, pag. 212.

(3) Voyez dans le British Review de février 1817, pages 136 et suivantes, l'article VI sur l'origine et l'antiquité

plus près de son point actuel que le milieu du cancer, ce qui pourrait nous ramener à mille ou mille deux cents ans avant Jésus-Christ.

Feu Nouet, jugeant que ce globe, ces rayons et cette tête cornue ou d'Isis représentent le lever héliaque de Sirius, prétendit que l'on avait voulu marquer une époque de la période sothiaque, mais qu'on avait voulu la marquer par la place qu'occupait le solstice; or, dans l'avant-dernière de ces périodes, celle qui s'est écoulée depuis 2782 jusqu'à 1322 avant Jésus-Christ, le solstice a passé de trente degrés quarante-huit minutes de la constellation du lion à treize degrés trente-quatre minutes du cancer. Au milieu de cette période il était donc à vingt-trois degrés trente-quatre minutes du cancer; le lever héliaque de Sirius arrivait alors quelques jours après le solstice; c'est à peu près ce que l'on a indiqué, selon M. Nouet, par la répétition du scarabé, et par l'image de Sirius dans les rayons du soleil placée au commencement de la bande de droite. D'après cette manière de voir, il conclut que ce

---

du zodiaque. Il est traduit à la suite de la Lettre critique sur la Zodiacomanie de Swartz.

temple est de deux mille cinquante-deux ans avant Jésus-Christ, et celui d'Esné de quatre mille six cents (1).

Tous ces calculs, même en admettant que la division marque le solstice, seraient encore susceptibles de beaucoup de modifications ; et d'abord il paraît que leurs auteurs ont supposé les constellations toutes de trente degrés comme les signes, et n'ont pas réfléchi qu'il s'en faut de beaucoup, du moins comme on les dessine aujourd'hui, et comme les Grecs nous les ont transmises, qu'elles soient ainsi égales entre elles. En réalité, le solstice, qui est aujourd'hui en deçà des premières étoiles de la constellation des gémeaux, n'a dû quitter les premières étoiles de la constellation du cancer que quarante-cinq ans après Jésus-Christ. Il n'a quitté la constellation du lion que mille deux cent soixante ans (2) avant la même ère.

Il s'agirait encore de savoir quand on cessait

(1) Voyez le mémoire de Nouet dans les Recherches nouvelles sur l'Histoire ancienne de Volney, tome III, pages 328 à 336.

(2) Mon célèbre et savant collègue M. Delambre a bien

DE L'ÉTENDUE DES CONSTELLATIONS ZODIACALES TELLES QU'ON LES DESSINE SUR NOS GLOBES, ET DU TEMPS QUE LES COLURES ONT DU METTRE A LES PARCOURIR.

Étoiles.	Longitudes en 1800.	Année de l'équinoxe.	Année du solstice.	Étoiles.	Longitudes en 1800.	Année de l'équinoxe.	Année du solstice.
BÉLIER.				BALANCE.			
γ	1ˢ 0° 23′ 40″	—389	6869	1 α	7ˢ 11° 0′ 44″	—14113	—7633
β	1 1 10 40	—441	6921	2 α	7 12 18 0	—14246	—7926
α	1 4 52 0	—710	7190	β	7 16 35 0	—14514	—8034
η	1 5 18 50	—742	7222	γ	7 22 20 34	—14929	—8449
2 θ	1 6 14 16	—810	7290	γ. Scorp.	7 27 41 0	—15312	—8832
ζ	1 19 8 50	—1739	8219	ξ	7 28 30 15	—15372	—8892
2τ. queue.	1 20 51 0	—1862	8342	»	» » »	»	»
Durée.	20 27 20	1473	1473	Durée.	17 29 31	1259	1259
TAUREAU.				SCORPION.			
ξ	1 19 6 0	—1735	—8215	1 A	7 28 50 6	—15396	—8916
η	1 27 12 0	—2318	—8798	β	8 0 23 48	—15508	—9028
α	2 6 59 40	—3024	—9504	α	8 6 57 38	—15980	—9500
β	2 19 47 0	—3944	—10424	ζ	8 12 35 30	—16387	—9907
ζ	2 22 0 0	—4104	—10584	γ	8 21 47 27	—17049	—105569
a. Coch.	2 24 42 40	—4300	—10780	»	» » »	»	»
Durée.	35 36 40	2565	2565	Durée.	22 57 21	1653	1653
GÉMEAUX.				SAGITTAIRE.			
Propus.	2 28 9 20	—4547	—11027	γ	8 28 28 20	—17530	—11050
η	3 0 39 0	—4727	—11207	λ	9 3 32 56	—17895	—11415
γ	3 6 18 40	—5134	—11614	ζ	9 10 50 28	—18421	—11941
δ	3 15 44 0	—5813	—12293	ψ	9 14 15 15	—18667	—12187
Castor.	3 17 27 30	—5937	—12417	ω	9 23 2 19	—19299	—12819
Pollux.	3 20 28 9	—6154	—12634	ϐ	9 25 39 25	—19487	—13007
φ	2 22 27 10	—6926	—12776	»	» » »	»	»
Durée.	24 17 40	1749	1749	Durée.	27 11 50	1957	1957
CANCER.				CAPRICORNE.			
1 ω	3ˢ 24 21 55	6475	+45	1ᵉʳ	9 29 39 15	—19775	—13295
ζ	3 28 32 0	6734	—254	2 α	10 1 3 58	—19877	—13397
β	4 1 28 20	6906	—426	β	10 1 15 30	—19891	—13411
γ	4 4 45 0	7182	—702	ι	10 14 53 30	—20872	—14392
1 α	4 10 18 50	7583	—1103	γ	10 18 59 28	—21166	—14586
2 α	4 10 59 36	7621	—1141	μ	10 23 1 12	—21458	—14978
κ	4 13 23 0	7804	—1324	»	» » »	»	»
Durée.	19 1 5	1369	1369	Durée.	23 21 17	1683	1683
LION.				VERSEAU.			
κ	4 12 30 0	—7740	—1260	ε	10 8 56 0	—20444	—13964
α	4 27 3 10	—8788	—1908	β	10 20 36 30	—21285	—14805
δ	5 8 30 0	—9612	—3132	α	11 0 34 0	—22001	—15521
β	5 18 50 55	—10357	—3877	ζ	11 6 7 0	—22400	—15920
»	» » » »	»	»	2 ψ	11 13 56 12	—22963	—16483
»	» » » »	»	»	5 A	11 18 3 28	—23260	—16780
Durée.	36 20 55	2617	2617	Durée.	39 7 28	2816	2816
VIERGE.				POISSONS.			
ω	5 19 2 22	—10371	—3891	β	11 15 49 0	23095	16615
β	5 24 19 0	—10750	—4271	λ	11 23 49 0	23675	17195
η	6 2 2 40	—11307	—4827	δ	12 11 22 0	24939	18459
δ	6 8 41 40	—11786	—5306	σ	12 24 26 0	25879	19399
α	6 21 3 15	—12676	—6196	α	12 26 34 58	26034	19554
λ	7 4 9 50	—13620	—7140	»	» » »	»	»
μ	7 7 17 40	—13845	—7365	»	» » »	»	»

de plaçer la constellation dans laquelle le soleil entrait après le solstice, à la tête des signes descendans, et si cela avait lieu aussitôt que le sol-

---

voulu me donner la note suivante qui éclaircit la remarque ci dessus. *Voyez le tableau ci-annexé.*

CONSTRUCTION ET USAGE DE LA TABLE.

Les longitudes des étoiles pour 1800 ont été prises dans les tables de Berlin Elles sont de Lacaille, ou de Bradley, ou de Flamsteed.

On a pris la première et la dernière de chaque constellation et quelques unes des étoiles intermédiaires les plus brillantes.

La troisième colonne indique l'année où la longitude de l'étoile était 0; c'est-à-dire celle où l'étoile se trouvait dans le colure équinoxial du printemps.

La dernière colonne indique l'année où l'étoile était dans le colure solsticial, soit de l'hiver, soit de l'été.

Pour le bélier, le taureau et les gémeaux, on a choisi le solstice d'hiver; pour les autres constellations, on a choisi le solstice d'été, pour ne pas trop s'enfoncer dans l'antiquité et ne point trop s'approcher des temps modernes. Au reste, il sera bien facile de trouver le solstice opposé, en ajoutant la demi-période de douze mille neuf cent soixante ans. La même règle servira pour trouver le temps où l'étoile a été ou sera à l'équinoxe d'automne.

Le signe — indique les années avant notre ère; le signe

stice avait assez rétrogradé pour toucher la constellation précédente.

+ l'année de notre ère; enfin la dernière ligne, à la suite de chaque signe sous le nom de *durée*, donne l'étendue de la constellation en degrés, et le temps que l'équinoxe ou le solstice emploie à parcourir la constellation d'un bout à l'autre.

On a supposé la précession de cinquante secondes par an, telle qu'elle est donnée par la comparaison du catalogue d'Hipparque avec les catalogues modernes. On avait ainsi la commodité des nombres ronds et toute l'exactitude dont on peut répondre.

La période entière est ainsi de vingt-cinq mille neuf cent vingt ans; la demi-période, de douze mille neuf cent soixante ans; le quart, de six mille quatre cent quatre-vingts ans; le douzième, ou un signe, de deux mille cent soixante ans.

Il est à remarquer que les constellations laissent entre elles des vides, et que quelquefois elles empiètent les unes sur les autres. Ainsi, entre la dernière étoile du scorpion et la première du sagittaire, il y a un intervalle de six degrés deux tiers. Au contraire, la dernière du capricorne est plus avancée de quatorze degrés en longitude que la première du verseau.

Ainsi, même indépendamment de l'inégalité du mouvement du soleil, les constellations donneraient une mesure très-inégale et très-fautive de l'année et de ses mois.

Ainsi MM. Jollois et Devilliers, à l'ardeur soutenue de qui nous devons l'exacte connaissance

---

Les signes de trente degrés en fournissent une plus commode et moins défectueuse. Mais les signes ne sont qu'une conception géométrique ; on ne peut ni les distinguer ni les observer ; ils changent continuellement de place par la rétrogradation du point équinoxial.

On a pu de tout temps déterminer grossièrement les équinoxes et les solstices ; à la longue on a pu remarquer que le spectacle du ciel pendant la nuit n'était plus exactement le même qu'il avait été anciennement aux temps des équinoxes et des solstices. Mais jamais on n'a pu observer exactement le lever héliaque d'une étoile ; on devait toujours s'y tromper de quelques jours. Aussi en parle-t-on souvent sans qu'on en ait une détermination sur laquelle on puisse compter. Avant Hipparque on ne voit, ni dans les livres ni dans les traditions, rien qu'on puisse soumettre au calcul ; et c'est ce qui a tant multiplié les systèmes. On a disputé sans s'entendre. Ceux qui ne sont point astronomes peuvent se faire de la science des Chaldéens, des Égyptiens, etc., etc., des idées aussi belles qu'il leur plaira ; il n'en résultera aucun inconvénient réel. On peut prêter à ces peuples l'esprit et les connaissances des modernes ; mais on ne peut rien emprunter d'eux, car ils n'ont rien eu ou ils n'ont rien laissé. Jamais les astronomes ne tireront des anciens rien qui soit de l'utilité la plus légère. Laissons aux érudits

de ces fameux monumens, pensant toujours que la division vers l'entrée du vestibule est le sol-

---

leurs vaines conjectures, et confessons notre ignorance absolue sur des choses peu utiles en elles mêmes, et dont il ne reste aucun monument.

Les limites des constellations varient suivant les auteurs que l'on consulte. On voit ces limites s'étendre ou se resserrer quand on passe d'Hipparque à Tycho, de Tycho à Hevelius, d'Hevelius à Flamsteed, Lacaille, Bradley ou Piazzi.

Je l'ai dit ailleurs, les constellations ne sont bonnes à rien, si ce n'est tout au plus à reconnaître plus facilement les étoiles; au lieu que les étoiles en particulier donnent des points fixes auxquels on peut rapporter les mouvemens, soit des colures, soit des planètes. L'astronomie n'a commencé qu'à l'époque où Hipparque a fait le premier catalogue d'étoiles, mesuré la révolution du soleil, celle de la lune et leurs principales inégalités. Le reste n'offre que ténèbres, incertitudes et erreurs grossières. Ce serait temps perdu que celui qu'on voudrait employer à débrouiller ce chaos.

J'ai dit, à quelques ménagemens près, tout ce que je pense sur ce sujet. Je n'ai eu la prétention de convertir personne, peu m'importe qu'on adopte mes opinions; mais si l'on compare mes raisons aux rêves de Newton, de Herschell, de Bailly et de tant d'autres, il n'est pas impossible qu'avec le temps on arrive à se dégoûter de ces chimères plus ou moins brillantes.

stice, et jugeant que la vierge a dû rester la première des constellations descendantes tant que le

J'ai essayé de déterminer l'étendue des constellations d'après les catastérismes du faux Ératosthène. La chose est réellement impossible. Ce serait encore pis si l'on consultait Hygin et surtout Firmicus. Voici, au reste, ce que j'ai tiré d'Ératosthène.

CONSTELLATIONS.	DURÉE.	
Bélier.	1747 ans.	
Taureau.	1826	
Gémeaux.	1636	
Cancer.	1204	
Lion.	2617	
Vierge.	3307	
Serres.	. . . .	1089 (*)
Scorpion.	1823	
Sagittaire.	2138	
Capricorne. . . .	1416	
Verseau.	1196	
Poissons.	2936	

(*) Ératosthène ne fait qu'une constellation du scorpion et des serres. Il indique le commencement des serres sans en marquer la fin; et comme il donne mille huit cent vingt-trois ans au scorpion proprement dit, il resterait mille quatre-vingt-neuf ans pour les serres, en supposant qu'il n'y eût aucun espace vide entre les deux constellations.

solstice n'avait pas reculé au moins jusqu'au milieu de la constellation du lion ; croyant voir de plus, comme nous l'avons dit, que le lion est divisé dans le grand zodiaque d'Esné, ne font remonter ce zodiaque qu'à deux mille six cent dix ans avant Jésus-Christ (1).

M. Hamilton, qui a le premier fait remarquer cette division du signe du lion dans le zodiaque d'Esné, réduit l'éloignement de la période où s'y trouvait le solstice à mille quatre cents ans avant Jésus-Christ.

Quant aux Chaldéens, aux Égyptiens, aux Chinois et aux Indiens, il n'y faut pas songer. On n'en peut absolument rien tirer. Ma profession de foi à cet égard est dans le discours préliminaire de mon Histoire de l'Astronomie du moyen âge, pages xvij et xviij.

Voyez aussi la note ajoutée au Rapport sur les Mémoires de M. de Paravey, tome VIII des Nouvelles Annales des Voyages, et reproduite par M. de Paravey dans son aperçu de ses Mémoires sur l'origine de la Sphère, pages 24 et de 31 à 36.

Voyez encore l'Analyse des travaux mathématiques de l'Académie en 1820, pages 78 et 79.

DELAMBRE.

(1) Voyez le grand ouvrage sur l'Égypte, Antiquités, Mémoires, tom. I, pag. 486.

Il parut encore un grand nombre d'autres systèmes sur le même sujet. M. Rhode, par exemple, en proposait deux : le premier faisait remonter le zodiaque du portique de Dendera à cinq cent quatre-vingt-onze ans avant Jésus-Christ ; d'après le second, il s'éleverait à mille deux cent quatre-vingt-dix (1). M. Latreille fixait l'époque du zodiaque à six cent soixante-dix ans avant Jésus-Christ ; celle du planisphère à cinq cent cinquante ; celle du zodiaque du grand temple d'Esné à deux mille cinq cent cinquante ; celle du petit à mille sept cent soixante.

Mais il y avait une difficulté inhérente à toutes les dates qui partaient de la double supposition que la division marque le solstice, et que la position du solstice marque l'époque du monument ; c'est la conséquence inévitable que le zodiaque d'Esné aurait dû être au moins de deux mille et peut-être de trois mille ans (2) plus ancien que

(1) Rhode. Essai sur l'âge du zodiaque et l'origine des constellations, en allemand. Breslau, 1809, in-4°, p. 78.

(2) D'après les tables de la note ci-dessus, le solstice est resté trois mille quatre cent soixante-quatorze ou au moins trois mille trois cent sept ans dans la constellation

celui de Dendera, conséquence qui évidemment battait en ruine la supposition; car aucun homme, un peu instruit de l'histoire des arts, ne pourra croire que deux édifices aussi ressemblans par l'architecture aient été autant séparés par le temps.

Le sentiment de cette impossibilité, uni toujours à la croyance que cette division des zodiaques indique une date, fit recourir à une autre conjecture, à celle que les constructeurs auraient voulu marquer celle des années sacrées des Egyptiens où le monument a été élevé. Ces années ne durant que trois cent soixante-cinq jours, si le soleil au commencement de l'une occupait le commencement d'une constellation, il s'en fallait de près de six heures qu'il n'y fût revenu au commencement de l'année suivante, et après cent vingt-un ans il ne devait se trouver qu'au commencement du signe précédent. Il semble assez naturel que les constructeurs d'un temple aient voulu indiquer à peu près dans quelle période de

---

de la vierge, celle de toutes qui occupe un plus grand espace dans le zodiaque, et deux mille six cent dix-sept dans celle du lion.

la grande année, de l'année sothiaque, il avait été élevé, et l'indication du signe par leque commençait alors l'année sacrée en était un assez bon moyen. On comprendrait ainsi qu'il se serait écoulé de cent vingt à cent cinquante ans entre le temple d'Esné et celui de Dendera.

Mais, dans cette manière de voir, il restait à déterminer dans la quelle des grandes années ces constructions auraient eu lieu : ou celle qui a fini en 138 après, ou celle qui a fini en 1322 avant Jésus-Christ, ou quelque autre.

Feu Visconti, premier auteur de cette hypothèse, prenant l'année sacrée dont le commencement répondait au signe du lion, et jugeant, d'après la ressemblance des signes, qu'ils avaient été représentés à une époque où les opinions des Grecs n'étaient pas étrangères à l'Egypte, ne pouvait choisir que la fin de la dernière grande année, ou l'espace écoulé entre l'an 12 et l'an 138 après Jésus-Christ (1), ce qui lui sembla s'accorder avec l'inscription grecque qu'il ne

(1) Traduction d'Hérodote, par Larcher, tom. II, pag. 570.

connaissait pas bien encore, mais où il avait ouï dire qu'il était question d'un César.

M. Testa, cherchant la date du monument dans un autre ordre d'idées, alla jusqu'à supposer que si la vierge se montre à Esné en tête du zodiaque, c'est que l'on a voulu y représenter l'ère d'Actium, telle qu'elle avait été établie pour l'Egypte par un décret du sénat, cité par Dion Cassius, et qui commençait au mois de septembre, le jour où avait eu lieu la prise d'Alexandrie par Auguste (1).

M. de Paravey considéra ces zodiaques sous un point de vue nouveau, qui pourrait embrasser à la fois et la révolution des équinoxes et celle de la grande année. Supposant que le planisphère circulaire de Dendera a dû être orienté, et que l'axe du nord au sud est la ligne des solstices, il vit le solstice d'été au deuxième gémeau, celui d'hiver à la croupe du sagittaire; la ligne des équinoxes aurait passé par les poissons et la vier-

(1) Voyez la dissertation de l'abbé Dominique Testa : Sopra due zodiaci novellamente scoperte nell' Egitto. Rome, 1802, pag. 34.

ge, ce qui lui donnait pour date le premier siècle de notre ère.

D'après cette manière de voir, la division du zodiaque du portique ne pouvait plus se rapporter aux colures, et il fallait chercher ailleurs la marque du solstice. M. de Paravey ayant remarqué qu'il y a entre tous les signes des figures de femmes qui portent une étoile sur la tête et qui marchent dans le même sens, et observant que celle qui vient après les gémeaux est seule tournée en sens contraire des autres, jugea qu'elle indique la *conversion* du soleil ou le tropique, et que ce zodiaque s'accorde ainsi avec le planisphère.

En appliquant l'idée de l'orientement au petit zodiaque d'Esné, on y trouverait les solstices entre les gémeaux et le taureau, et entre le scorpion et le sagittaire; ils y seraient même marqués par le changement de direction du taureau, et par des béliers ailés placés en travers à ces deux endroits. Dans le grand zodiaque de la même ville, les marques en seraient la position en travers du taureau et le renversement du sagittaire; il n'y aurait plus alors qu'une portion de constellation d'écoulée entre les dates d'Esné et celles de Dendera, espace toutefois encore bien long pour des édifices si ressemblans.

Une opération de feu M. Delambre sur le planisphère circulaire parut confirmer ces conjectures favorables à sa nouveauté ; car, en plaçant les étoiles sur la projection d'Hipparque, d'après la théorie de cet astronome et d'après les positions qu'il leur avait données dans son catalogue, augmentant toutes les longitudes pour que le solstice passât par le second des gémeaux, il reproduisit presque ce planisphère ; et « cette ressemblance, dit-il, aurait été encore plus grande » s'il eût adopté les longitudes telles qu'elles sont » dans le catalogue de Ptolomée, pour l'an 123 » de notre ère. Au contraire, en remontant de » vingt-cinq ou vingt-six siècles, les ascensions » droites et les déclinaisons seront changées considérablement, et la projection aura pris une » figure toute différente (1).

» Tous nos calculs, ajoutait ce grand astronome, nous ramènent à cette conclusion, que

(1) Delambre. Note à la suite du rapport sur le Mémoire de M. de Paravey. Ce rapport est imprimé dans les nouvelles Annales des Voyages, tom. VIII.

» les sculptures sont postérieures à l'époque d'A-» lexandre. »

A la vérité, le planisphère circulaire ayant été apporté à Paris par les soins de MM. Saunier et Lelorrain, M. Biot, dans un ouvrage (1) fondé sur des mesures précises et des calculs pleins de sagacité, a établi qu'il représente, d'après une projection géométrique exacte, l'état du ciel tel qu'il avait lieu sept cents ans avant Jésus-Christ; mais il s'est bien gardé d'en conclure qu'il ait été sculpté dans ce temps-là.

En effet, tous ces efforts d'esprit et de science, en tant qu'ils concernent l'époque des monumens, sont devenus superflus depuis que, finissant par où naturellement l'on aurait commencé, si la prévention n'avait pas aveuglé les premiers observateurs, on s'est donné la peine de copier et de restituer les inscriptions grecques gravées sur ces monumens, et surtout depuis que M. Cham-

---

(1) Voyez l'ouvrage de M. Biot, intitulé Recherches sur plusieurs points de l'astronomie égyptienne appliquées aux monumens astronomiques trouvés en Égypte. Paris, 1823, in-8°.

pollion est parvenu à déchiffrer celles qui sont exprimées en hiéroglyphes.

Il est certain maintenant, et les inscriptions grecques s'accordent pour le prouver avec les inscriptions hiéroglyphiques, il est certain, disons-nous, que les temples dans lesquels on a sculpté des zodiaques ont été construits sous la domination des Romains. Le portique du temple de Dendera, d'après l'inscription grecque de son frontispice, est consacré au salut de Tibère (1). Sur le planisphère du même temple on lit le titre d'*Autocrator* en caractères hiéroglyphiques (2), et il est probable qu'il se rapporte à Néron. Le petit temple d'Esné, celui dont on plaçait l'origine au plus tard entre deux mille sept cents ou trois mille ans avant Jésus-Christ, a une colonne sculptée et peinte la dixième année d'Antonin, cent quarante-sept ans après Jésus-Christ, et elle

---

(1) Letronne. Recherches pour servir à l'histoire de l'Égypte pendant la domination des Grecs et des Romains, pag. 180.

(2) *Idem*, pag. xxxviij.

est peinte et sculptée dans le même style que le zodiaque qui est auprès (1).

Il y a plus ; on a la preuve que cette division du zodiaque dans tel ou tel signe n'a aucun rapport à la précession des équinoxes, ni au déplacement du solstice. Un cercueil de momie, rapporté nouvellement de Thèbes par M. Caillaud, et contenant, d'après l'inscription grecque très-lisible, le corps d'un jeune homme mort la dix-neuvième année de Trajan, cent seize ans après Jésus-Christ (2), offre un zodiaque divisé au même point que ceux de Dendera (3) ; et toutes les apparences sont que cette division marque quelque thème astrologique relatif à cet in-

(1) Letronne. Recherches pour servir à l'histoire de l'Égypte pendant la domination des Grecs et des Romains, pages 456 et 457.

(2) Letronne. Observations critiques et archéologiques sur l'objet des représentations zodiacales qui nous restent de l'antiquité, à l'occasion d'un zodiaque égyptien peint dans une caisse de momie qui porte une inscription grecque du temps de Trajan. Paris, 1824, in-8°, pag. 30.

(3) *Idem*, pages 48 et 49.

dividu, conclusion qui doit probablement s'appliquer aussi à la division des zodiaques des temples; elle marque ou le thème astrologique du moment de leur érection, ou celui du prince pour le salut duquel ils avaient été votés, ou tel autre instant semblable relativement auquel la position du soleil aura paru importante à noter.

Ainsi se sont évanouies pour toujours les conclusions que l'on avait voulu tirer de quelques monumens mal expliqués, contre la nouveauté des continens et des nations, et nous aurions pu nous dispenser d'en traiter avec tant de détails si elles n'étaient pas si récentes et n'avaient pas fait assez d'impression pour conserver encore leur influence sur les opinions de quelques personnes.

Le zodiaque est loin de porter en lui-même une date certaine et excessivement reculée.

Mais il y a des écrivains qui ont prétendu que le zodiaque porte en lui-même la date de son invention, par la raison que les noms et les figures donnés à ses constellations sont un indice de la position des colures quand on l'inventa; et cette date, selon plusieurs, est tellement évidente et tellement reculée, qu'il est assez indifférent que les représentations que l'on possède de ce cercle soient plus ou moins anciennes.

Ils ne font pas attention que ce genre d'argumens se complique de trois suppositions également incertaines : le pays où l'on admet que le zodiaque a été inventé, le sens que l'on croit avoir été donné aux constellations qui l'occupent, et la position dans laquelle étaient les colures par rapport à chaque constellation, quand ce sens lui a été attribué. Selon qu'on a imaginé d'autres allégories, ou que l'on admet que ces allégories se rapportaient à la constellation dont le soleil occupait les premiers degrés, ou à celle dont il occupait le milieu, ou à celle où il commençait d'entrer, c'est-à-dire dont il occupait les derniers degrés, ou bien enfin à celle qui lui était opposée et qui se levait le soir ; ou selon que l'on place l'invention de ces allégories dans un autre climat, il faut aussi changer la date du zodiaque. Les variations possibles à cet égard peuvent embrasser jusqu'à la moitié de la révolution des fixes, c'est-à-dire treize mille ans et même davantage.

Ainsi Pluche, généralisant quelques indications des anciens, a pensé que le bélier annonce le soleil commençant à monter, et l'équinoxe du printemps ; que le cancer annonce sa rétrogradation au solstice d'été ; que la balance, signe d'égalité, marque l'équinoxe d'automne (1) ; et que le capricorne, animal grimpeur, indique le solstice d'hiver après lequel le soleil nous revient. De cette manière, en plaçant les inventeurs du zodiaque dans un climat tempéré, on aurait des pluies sous le verseau, des naissances d'agneaux et de chevreaux sous les gémeaux, des chaleurs violentes sous le lion, les récoltes sous la vierge, la chasse sous le sagittaire, etc., et les emblèmes seraient assez convenables. En plaçant alors les colures au commencement des constellations, ou du moins l'équinoxe aux premières étoiles du bélier, on n'arriverait en première instance qu'à trois cent quatre-vingt-neuf ans avant Jésus-Christ, époque évidemment trop moderne, et qui obligerait de remonter encore d'une période équinoxiale tout entière ou de vingt-six mille ans. Mais si l'on suppose que l'équinoxe passait par le milieu de la constellation, on arrivera à

(1) Varro, de Ling. lat., lib. 6, Signa, quod aliquid significent, ut libra æquinoctium, Macrob., Sat., lib. 1, cap. XXI, Capricornus ab infernis partibus ad superas solem reducens capræ naturam videtur imitari.

mille ou mille deux cents ans plus haut à peu près, à seize ou dix-sept cents ans avant Jésus-Christ ; et c'est là l'époque que plusieurs hommes célèbres ont cru véritablement être celle de l'invention du zodiaque, dont, sur d'autres motifs assez légers, ils ont fait honneur à Chiron.

Mais Dupuis, qui avait besoin, pour l'origine qu'il prétendait attribuer à tous les cultes, que l'astronomie et nommément les figures du zodiaque eussent en quelque sorte précédé toutes les autres institutions humaines, a cherché un autre climat pour trouver d'autres explications aux emblèmes et pour en déduire une autre époque. Si, prenant toujours la balance pour un signe équinoxial, mais la supposant à l'équinoxe du printemps, on veut que le zodiaque ait été inventé en Egypte, on trouvera en effet encore des explications assez plausibles pour le climat de ce pays (1). Le capricorne, animal à queue de poisson, marquera le commencement de l'élévation du Nil au solstice d'été ; le verseau et les pois-

(1) Voyez le Mémoire sur l'origine des constellations dans l'Origine des Cultes de Dupuis, tom. III, pages 324 et suivantes.

sons, les progrès et la diminution de l'inondation; le taureau, le labourage; la vierge, la récolte; et ils les marqueront aux époques où en effet ces opérations ont lieu. Dans cette hypothèse le zodiaque aura quinze mille ans (1) pour un soleil supposé au premier degré de chaque signe, plus de seize mille pour le milieu, et quatre mille seulement, en supposant que l'emblème a été donné au signe à l'opposition duquel était le soleil (2) C'est à quinze mille ans que s'est attaché Dupuis, et c'est sur cette date qu'il a fondé tout le système de son fameux ouvrage.

Il ne manque cependant pas de gens qui, tout en admettant que le zodiaque a été inventé en Egypte, ont imaginé des allégories applicables à des temps postérieurs. Ainsi, selon M. Hamilton, la vierge représenterait la terre d'Egypte lorsqu'elle n'est pas encore fécondée par l'inondation; le lion, la saison où cette terre est le plus livrée aux bêtes féroces, etc. (3).

---

(1) Origine des cultes de Dupuis, tom. III, pag. 67.

(2) Dupuis suggère lui-même cette seconde hypothèse, *ibid.*, p. 340.

(3) Ægyptiaca, pag. 215.

Cette haute antiquité de quinze mille ans entraînerait d'ailleurs cette conséquence absurde, que les Egyptiens, ces hommes qui représentaient tout par des emblèmes, et qui devaient attacher un grand prix à ce que ces emblèmes fussent conformes aux idées qu'ils devaient peindre, auraient conservé les signes du zodiaque des milliers d'années après qu'ils ne répondaient plus en aucune manière à leur sens primitif.

Feu Remi Raige chercha à soutenir l'opinion de Dupuis par un argument tout nouveau (1). Ayant remarqué que l'on peut trouver aux noms égyptiens des mois, en les expliquant par les langues orientales, des sens plus ou moins analogues aux figures des signes du zodiaque ; trouvant dans Ptolomée qu'*epifi*, qui signifie *capricorne*, commence au 20 de juin, et vient par conséquent immédiatement après le solstice d'été, il en conclut qu'à l'origine le capricorne lui-même

---

(1) Voyez, dans le grand ouvrage sur l'Égypte, Antiquités, Mémoires, tom. I, le Mémoire de M. Remi Raige sur le zodiaque nominal et primitif des anciens Égyptiens. Voyez aussi la table des mois grecs, romains et alexandrins dans le Ptolomée de M. Halma, tome III.

était au solstice d'été, et ainsi des autres signes. comme l'avait prétendu Dupuis.

Mais indépendamment de tout ce qu'il y a de hasardé dans ces étymologies, Raige ne s'aperçut point que c'est par un pur hasard que cinq ans après la bataille d'Actium, en l'année 25 avant Jésus-Christ, à l'établissement de l'année fixe d'Alexandrie, le premier jour de thoth se trouva correspondre au 29 d'août Julien, et y correspondit depuis lors. C'est seulement de cette époque que les mois égyptiens commencèrent à des jours fixes de l'année julienne, mais à Alexandrie seulement; et même Ptolomée n'en continua pas moins d'employer dans son Almageste l'ancienne année égyptienne avec ses mois vagues (1).

Pourquoi n'aurait-on pas à une époque quelconque donné aux mois les noms des signes ou aux signes les noms des mois, tout aussi arbi-

(1) Voyez les Recherches historiques sur les observations astronomiques des anciens, par M. Ideler, dont M. Halma a inséré la traduction dans le troisième tome de son Ptolomée; et surtout le Mémoire de Fréret sur l'opinion de Lanauze, relative à l'établissement de l'année d'Alexandrie, dans les Mémoires de l'Académie des belles-lettres, tom. XVI, pag. 308.

trairement que les Indiens ont donné à leurs mois douze noms choisis parmi ceux de leurs vingt-sept maisons lunaires, d'après des motifs qu'il est impossible de deviner aujourd'hui (1)?

L'absurdité qu'il y aurait eu à conserver pendant quinze mille ans aux constellations des figures et des noms symboliques qui n'auraient plus offert aucun rapport avec leur position, aurait été bien plus sensible si elle fût allée jusqu'à conserver aux mois ces mêmes noms qui étaient sans cesse dans la bouche du peuple, et dont l'inconvenance se serait fait apercevoir à chaque instant.

Et que deviendraient en outre tous ces systèmes, si les figures et les noms des constellations zodiacales leur avaient été donnés sans aucun rapport avec la course du soleil? comme leur inégalité, l'extension de plusieurs d'entre elles en dehors du zodiaque, leurs connexions manifestes avec les constellations voisines semblent le démontrer (2).

---

(1) Voyez le Mémoire de sir Will. Jones sur l'antiquité du zodiaque indien, Mém. de Calcutta, tom. II.

(2) Voyez le Zodiaque expliqué, ou Recherches sur

Qu'arriverait-il encore si, comme le dit expressément Macrobe (1), chaque signe avait dû être un emblème du soleil, considéré dans quelqu'un de ses effets ou de ses phénomènes généraux, et sans égard aux mois où il passe, soit dans le signe, soit à son opposite?

Enfin que serait-ce si les noms avaient été donnés d'une manière abstraite aux divisions de l'espace ou du temps, comme les astronomes les donnent maintenant à ce qu'ils appellent les signes, et n'avaient été appliqués aux constellations ou groupes d'étoiles qu'à une époque déterminée par le hasard, en sorte qu'on ne pourrait plus rien conclure de leur signification (2)?

---

l'origine et la signification des constellations de la sphère grecque, traduit du suédois de M. Swartz Paris, 1809.

(1) Saturnal., lib. I, cap. 21, sub fin. *Nec solus leo, sed signa quoque universa zodiaci ad naturam solis jure referuntur*, etc. Ce n'est que dans l'explication du lion et du capricorne qu'il a recours à quelque phénomène relatif aux saisons : le cancer même est expliqué sous un point de vue général, et relatif à l'obliquité de la marche du soleil.

(2) Voyez le Mémoire de M. de Guignes sur les zodiaques des Orientaux. (Académie des belles-lettres, tom. XLVII.)

En voilà sans doute autant qu'il en faut pour dégoûter un esprit bien fait de chercher dans l'astronomie des preuves de l'antiquité des peuples ; mais quand ces prétendues preuves seraient aussi certaines qu'elles sont vagues et dénuées de résultat, qu'en pourrait-on conclure contre la grande catastrophe dont il nous reste des documens bien autrement démonstratifs? il faudrait seulement admettre, avec quelques modernes, que l'astronomie était au nombre des connaissances conservées par les hommes que cette catastrophe épargna.

Exagérations relatives à certains travaux de mines.

L'on a aussi beaucoup exagéré l'antiquité de certains travaux de mines. Un auteur tout récent a prétendu que les mines de l'île d'Elbe, à en juger par leurs déblais, ont dû être exploitées depuis quarante mille ans; mais un autre auteur, qui a aussi examiné ces déblais avec soin, réduit cet intervalle à un peu plus de cinq mille (1), et encore en supposant que les anciens n'exploitaient chaque année que le quart de ce que l'on

(1) Voyez M. de Fortia d'Urban, Histoire de la Chine avant le déluge d'Ogygès, p. 33.

exploite maintenant. Mais quel motif a-t on de croire que les Romains, par exemple, tirassent si peu de parti de ces mines, eux qui consommaient tant de fer dans leurs armées? De plus, si ces mines avaient été en exploitation il y a seulement quatre mille ans, comment le fer aurait-il été si peu connu dans la haute antiquité?

Conclusion générale relative à l'époque de la dernière révolution.

Je pense donc, avec MM. Deluc et Dolomieu, que, s'il y a quelque chose de constaté en géologie, c'est que la surface de notre globe a été victime d'une grande et subite révolution, dont la date ne peut remonter beaucoup au-delà de cinq ou six mille ans; que cette révolution a enfoncé et fait disparaître les pays qu'habitaient auparavant les hommes et les espèces des animaux aujourd'hui les plus connus; qu'elle a, au contraire, mis à sec le fond de la dernière mer, et en a formé les pays aujourd'hui habités; que c'est depuis cette révolution que le petit nombre des individus épargnés par elle se sont répandus et propagés sur les terrains nouvellement mis à sec, et par conséquent que c'est depuis cette époque seulement que nos sociétés ont repris une marche progressive, qu'elles ont formé des établissemens, élevé des monumens, recueilli des faits naturels et combiné des systèmes scientifiques.

Mais ces pays aujourd'hui habités, et que la dernière révolution a mis à sec, avaient déjà été habités auparavant, sinon par des hommes, du moins par des animaux terrestres; par conséquent une révolution précédente, au moins, les avait mis sous les eaux; et, si l'on peut en juger par les différens ordres d'animaux dont on y trouve des dépouilles, ils avaient peut-être subi jusqu'à deux ou trois irruptions de la mer.

Idées des recherches à faire ultérieurement en géologie.

Ce sont ces alternatives qui me paraissent maintenant le problème géologique le plus important à résoudre, ou plutôt à bien définir, à bien circonscrire; car, pour le résoudre en entier, il faudrait découvrir la cause de ces événemens, entreprise d'une tout autre difficulté.

Je le répète, nous voyons assez clairement ce qui se passe à la surface des continens dans leur état actuel; nous avons assez bien saisi la marche uniforme et la succession régulière des terrains primitifs; mais l'étude des terrains secondaires est à peine ébauchée; cette série merveilleuse de zoophytes et de mollusques marins inconnus, suivis de reptiles et de poissons d'eau douce également inconnus, remplacés à leur tour par d'autres zoophytes et mollusques plus voisins de ceux d'aujourd'hui ; ces animaux terrestres, et ces mollusques, et autres animaux d'eau douce toujours inconnus qui viennent ensuite occuper les lieux, pour en être encore chassés, mais par des mollusques et d'autres animaux semblables à ceux de nos mers ; les rapports de ces êtres variés avec les plantes dont les débris accompagnent les leurs, les relations de ces deux règnes avec les couches minérales qui les recèlent, le plus ou moins d'uniformité des uns et des autres dans les différens bassins : voilà un ordre de phénomènes qui me paraît appeler maintenant impérieusement l'attention des philosophes.

Intéressante par la variété des produits des révolutions partielles ou générales de cette époque, et par l'abondance des espèces diverses qui figurent alternativement sur la scène, cette étude n'a point l'aridité de celle des terrains primordiaux, et ne jette point, comme elle, presque nécessairement dans les hypothèses. Les faits sont si pressés, si curieux, si évidens, qu'ils suffisent, pour ainsi dire, à l'imagination la plus ardente ; et les conclusions qu'ils amènent de temps en temps, quelque réserve qu'y mette l'observateur, n'ayant rien de vague, n'ont aussi rien d'arbitraire ; enfin c'est dans ces événemens plus rapprochés de nous que nous pouvons espérer de trouver quelques traces des événemens plus anciens et de leurs causes, si toutefois il est encore permis, après de si nombreuses tentatives, de se flatter d'un tel espoir.

Ces idées m'ont poursuivi, je dirais presque tourmenté, pendant que j'ai fait les recherches sur les os fossiles, dont j'ai donné depuis peu au public la collection, recherches qui n'embrassent qu'une si petite partie de ces phénomènes de l'avant-dernier âge de la terre, et qui cependant se lient à tous les autres d'une manière intime. Il était presque impossible qu'il n'en naquît pas le désir d'étudier la généralité de ces phénomènes, au moins dans un espace limité autour de nous. Mon excellent ami, M. Brongniart, à qui d'autres études donnaient le même désir, a bien voulu m'associer à lui, et c'est ainsi que nous avons jeté les premières bases de notre travail sur les environs de Paris ; mais cet ouvrage, bien qu'il porte encore mon nom, est devenu presque en entier celui de mon ami, par les soins infinis qu'il a donnés, depuis la conception de notre premier plan et depuis nos voyages, à l'examen approfondi des objets et à la rédaction du tout. Je l'ai placé, avec le consentement de M. Brongniart, dans la deuxième partie de mes *Recherches*, dans celle où je traite des ossemens de nos environs. Quoique relatif en apparence à un pays assez borné, il donne de nombreux résultats applicables à toute la géologie, et sous ce rapport il peut être considéré comme une partie intégrante du présent discours, en même temps qu'il est à coup sûr l'un des plus beaux ornemens de mon livre (1).

On y voit l'histoire des changemens les plus récens arrivés dans un bassin particulier, et il nous conduit jusqu'à la craie, dont l'étendue sur le globe est infiniment plus considérable que celle des matériaux du bassin de Paris. La craie, que l'on croyait si moderne, se trouve ainsi bien reculée dans les siècles de l'avant-dernier âge; elle

(1) On en a tiré des exemplaires à part, sous le titre de *Description géologique des environs de Paris*, par MM. G. Cuvier et Al. Brongniart. Paris, 1822, in-4° et 1834, in 8°.

forme une sorte de limite entre les terrains les plus récens, ceux auxquels on peut réserver le nom de *tertiaires*, et les terrains que l'on nomme *secondaires*, qui se sont déposés avant la craie, mais après les terrains primitifs et ceux de transition.

Les observations récentes de plusieurs géologistes qui ont donné suite à nos vues, tels que MM. Buckland, Webster, Constant-Prevost, et celles de M. Brongniart lui-même, ont prouvé que ces terrains, postérieurs à la craie, se sont reproduits dans bien d'autres bassins que celui de Paris, quoique avec quelques variations ; en sorte qu'il a été possible d'y constater un ordre de succession dont plusieurs étages s'étendent presque à toutes les contrées que l'on a observées.

Résumé des observations sur la succession des terrains.

Les couches les plus superficielles, ces bancs de limon et de sables argileux mêlés de cailloux roulés provenus de pays éloignés, et remplis d'ossemens d'animaux terrestres, en grande partie inconnus ou au moins étrangers, semblent avoir recouvert toutes les plaines, rempli le fond de toutes les cavernes, obstrué toutes les fentes de rochers qui se sont trouvés à leur portée. Décrites avec un soin particulier par M. Buckland, sous le nom de *diluvium*, et bien différentes de ces autres couches également meubles, sans cesse déposées par les torrens et par les fleuves, qui ne contiennent que des ossemens d'animaux du pays, et que M. Buckland désigne par le nom d'*alluvium*, elles forment aujourd'hui, aux yeux de tous les géologistes, la preuve la plus sensible de l'inondation immense qui a été la dernière des catastrophes du globe (1).

Entre ce diluvium et la craie sont les terrains alternativement remplis des produits de l'eau douce et de l'eau salée, qui marquent les irruptions et les retraites de la mer, auxquelles, depuis la déposition de la craie, cette partie du globe a été sujette; d'abord des marnes et des pierres meulières ou silex caverneux remplis de coquilles d'eau douce semblables à celles de nos

(1) Voyez le grand ouvrage de M. le professeur Buckland, intitulé *Reliquiæ diluvianæ*. Londres, 1823, in 4°, pages 185 et suivantes; et l'article EAU par M. Brongniart, dans le quatorzième volume du Dictionnaire des sciences naturelles.

marais et de nos étangs ; sous elles des marnes, des grès, des calcaires, dont toutes les coquilles sont marines, des huîtres, etc.

Plus profondément, des terrains d'eau douce d'une époque plus ancienne, et nommément ces fameuses plâtrières des environs de Paris qui ont donné tant de facilité à orner les édifices de cette grande ville, et où nous avons découvert des genres entiers d'animaux terrestres dont on n'avait aperçu aucune trace ailleurs.

Elles reposent sur ces bancs non moins remarquables de la pierre calcaire dont notre capitale est construite, dans le tissu plus ou moins serré desquels la patience et la sagacité de MM. Defrance, Deshayes, et d'autres ardens collecteurs, ont déjà recueilli plus de huit cents espèces de coquilles toutes de mer, mais la plupart inconnues dans les mers d'aujourd'hui. Ils ne contiennent aussi, presque généralement, que des ossemens de poissons, de cétacés et d'autres mammifères marins. Tout au plus voit-on, dans leurs couches les plus voisines du gypse, des os semblables à ceux de ce dernier terrain.

Sous ce calcaire marin est encore un terrain d'eau douce, formé d'argile, dans lequel s'inter-

retirait, avaient lieu aussi dans une multitude d'autres contrées. C'était pour le globe une suite de tourmentes et de variations, probablement assez rapides, puisque les dépôts qu'elles ont laissés ne montrent nulle part beaucoup d'épaisseur ou beaucoup de solidité.

La craie a été le produit d'une mer plus tranquille et moins coupée; elle ne contient que des produits marins, parmi lesquels il en est cependant quelques uns d'animaux vertébrés bien remarquables, mais tous de la classe des reptiles et des poissons; de grandes tortues, d'immenses lézards et autres êtres semblables.

Les terrains antérieurs à la craie, et dans les creux desquels elle est elle-même déposée, comme les terrains de nos environs le sont dans les siens, forment une grande partie de l'Allemagne et de l'Angleterre; et les efforts qu'ont faits récemment les savans de ces deux pays, d'accord avec les nôtres, et inspirés par les mêmes données, s'unissant à ceux qu'avait précédemment tentés l'école de Werner, ne laisseront bientôt rien à désirer pour leur connaissance. MM. de Humboldt et de Bonnard pour la France et l'Allemagne, MM. Buckland, Conybeare, Labèche

DES FORMATIONS GÉOLOGIQUES DANS L'ORDRE DE LEUR SUPERPOSITION ;

Par M. AL. DE HUMBOLDT.

Terrains tertiaires.

Dépôts d'alluvion.

Formation lacustre avec meulières.

Grès et sables de Fontainebleau.

Gypse à ossemens. Calcaire siliceux.

Calcaire grossier.
(Argile de Londres.)

Grès tertiaire à *lignites.*
(Argile plastique, — Mollasse, — Nagelfluhe.)

Terrains secondaires.

Craie blanche. tufeau. chloritée. *Ananchites.*

Sable vert.
Weald clay.
Sable ferrugineux.
(Grès secondaire à *lignites.*)

Ammonites. *Planulites.* Calcaire jurassique. Assises schisteuses avec poissons et crustacés.

Quadersandstein, ou grès blanc, quelquefois supérieur au lias.

Coral raig.
Argile de Dive.
Oolithes et calcaire de Caen.

Muschelkalk.
Ammonites nodosus.

Lias marneux ou calc. à *Gryphæa arcuata.*

Marnes avec gypse fibreux.
Assises arénacées.
Grès bigarré salifère.

Product. aculeat.
Calcaire magnésien. Zechstein. Schiste cuivreux. (Calcaire alpin.)

Porphyre quarzifère.

Formations coordonnées de porphyre, de grès rouge et de houille.

Terrains intermédiaires.

Formation de transition.

Schistes avec lydienne, grauwacke, diorites, euphotides.
Calcaires à *orthocératites*, *tribolites* et *evomphalites.*

Terrains primitifs.

Formations primitives.

Schistes argileux (thonschiefer.)
Micaschistes.

pour l'Angleterre, en ont donné les tableaux les plus complets et les plus instructifs (1).

Sous la craie sont des sables verts dont ses couches inférieures conservent quelques restes. Plus profondément sont des sables ferrugineux; en bien des pays les uns et les autres s'agglutinent en bancs de grès, dans lesquels se voient aussi des lignites, du succin et des débris de reptiles.

Au dessous vient la grande masse de couches qui composent la chaîne de Jura et celle des montagnes qui le continuent en Souabe et en Franconie, les crêtes principales des Apennins et des multitudes de bancs de la France et de l'Angleterre. Ce sont des schistes calcaires riches en poissons et en crustacés, des bancs immenses d'oolithes ou d'une pierre calcaire grenue, des

---

(1) Voici celui que M. de Humboldt a bien voulu tracer pour en orner mon ouvrage, non seulement des terrains secondaires, mais de toute la suite des couches, depuis les plus anciennes que l'on connaisse jusqu'aux plus modernes et aux plus superficielles. C'est en quelque sorte le dernier résumé des efforts de tous les géologistes. *Voyez le tableau ci-joint.*

calcaires marneux et pyriteux gris caractérisés par des ammonites, par des huîtres à valves recourbées, dites gryphées, et par des reptiles, mais de plus singuliers dans leurs formes et leurs caractères.

De grandes couches de sables et de grès, offrant souvent des empreintes végétales, supportent tous ces bancs du Jura, et reposent elles-mêmes sur un calcaire à qui les innombrables coquilles et zoophytes dont il est rempli ont fait donner par Werner le nom, beaucoup trop général de *calcaire coquillier*, et que d'autres couches de grès, de la sorte qu'on nomme grès bigarré, séparent d'un calcaire encore plus ancien que l'on a appelé non moins improprement *calcaire alpin*, parce qu'il compose les hautes Alpes du Tyrol; mais qui, dans le fait, se montre au jour dans nos provinces de l'est et dans tout le midi de l'Allemagne.

C'est dans ce calcaire dit coquillier que sont déposés de grands amas de gypse et de riches couches de sel, et c'est au dessous de lui que se voient les couches minces de schistes cuivreux si riches en poissons, parmi lesquels il y a aussi des reptiles d'eau douce. Le schiste cuivreux est porté sur un grès rouge à l'âge duquel appartiennent ces fameux amas de charbons de terre ou de houille, ressource de l'âge présent, et reste des premières richesses végétales qui aient orné la face du globe. Les troncs de fougères dont ils ont conservé les empreintes nous disent assez combien ces antiques forêts différaient des nôtres (1).

On tombe alors promptement dans ces terrains de transition où la première nature, la nature morte et purement minérale, semblait disputer encore l'empire à la nature organisante ; des calcaires noirs, des schistes qui n'offrent que des crustacés et des coquilles de genres aujourd'hui éteints, alternent avec des restes de terrains primitifs, et nous annoncent que nous arrivons à ces formations les plus anciennes qu'il nous ait été donné de connaître, à ces antiques fondemens de l'enveloppe actuelle du globe, aux marbres

(1) Pour compléter ce tableau, par l'histoire des successions végétales qui ont accompagné sur le globe aux différentes époques les successions animales, on doit consulter l'ouvrage de M. Adolphe Brongniart sur les végétaux fossiles.

et aux schistes primitifs, aux gneiss et enfin aux granits.

Telle est l'énumération précise des masses successives dont la nature a enveloppé ce globe ; la géologie l'a obtenue en combinant les lumières de la minéralogie avec celles que lui fournissaient les sciences de l'organisation ; cet ordre si nouveau et si intéressant de faits ne lui est acquis que depuis qu'elle a préféré des richesses positives données par l'observation, à des systèmes fantastiques, à des conjectures contradictoires sur la première origine des globes et sur tous ces phénomènes qui, ne ressemblant en rien à ceux de notre physique actuelle, ne pouvaient y trouver, pour leur explication, ni matériaux, ni pierre de touche. Il y a quelques années, la plupart des géologistes pouvaient être comparés à des historiens qui ne se seraient intéressés dans l'histoire de France qu'à ce qui s'est passé dans les Gaules avant Jules-César ; mais encore les historiens s'aident-ils, en composant leurs romans, de la connaissance des faits postérieurs, et les géologistes dont je parle négligeaient précisément les faits postérieurs, qui seuls pouvaient réfléchir quelque lueur sur la nuit des temps précédens.

Il ne me reste, pour terminer ce discours, qu'à présenter le résultat de mes propres recherches, ou, en d'autres termes, le résumé de mon grand ouvrage; je vais énumérer les animaux que j'ai découverts dans l'ordre inverse de celui que je viens de suivre pour l'énumération des terrains. En m'enfonçant dans la suite des couches, je remontais dans la suite des temps; je vais maintenant prendre les terrains les plus anciens, faire connaître les animaux qu'ils recèlent; et, passant d'époque en époque, indiquer ceux qui s'y montrent successivement à mesure qu'on se rapproche du temps présent.

Énumération des animaux fossiles reconnus par l'auteur.

Nous avons vu que des zoophytes, des mollusques et certains crustacés commencent à paraître dès les terrains de transition; peut-être y a-t-il même dès-lors des os et des squelettes de poissons; mais il s'en faut encore de beaucoup que l'on ne découvre si tôt des restes d'animaux qui vivent sur la terre sèche et respirent l'air en nature.

Les grandes couches de houille et les troncs de palmiers et de fougères dont elles conservent les empreintes, bien que supposant déjà des terres sèches et une végétation aérienne, ne montrent point encore des os de quadrupèdes, pas même de quadrupèdes ovipares.

Ce n'est qu'un peu au dessus, dans le schiste cuivreux bitumineux, qu'on en voit la première trace ; et, ce qui est bien remarquable, les premiers quadrupèdes sont des reptiles de la famille des lézards, très-semblables aux grands monitors qui vivent aujourd'hui dans la zone torride. Il s'en est trouvé plusieurs individus dans les mines de Thuringe (1), parmi d'innombrables poissons d'un genre aujourd'hui inconnu, mais qui, d'après ses rapports avec les genres de nos jours, paraît avoir vécu dans l'eau douce. Chacun sait que les monitors sont aussi des animaux d'eau douce.

Un peu plus haut est le calcaire dit des Alpes, et sur lui ce calcaire coquillier riche en entroques et en encrinites, qui fait la base d'une grande partie de l'Allemagne et de la Lorraine.

Il a offert des ossemens d'une très-grande tortue de mer dont les carapaces pouvaient avoir de

(1) Voyez mes Recherches sur les ossemens fossiles, tom. v, in-4°, deuxième partie, pag. 300.

six à huit pieds de longueur, et ceux d'un autre quadrupède ovipare de la famille des lézards de grande taille et à museau très-pointu (1).

Remontant encore au travers des grès qui n'offrent que des empreintes végétales de grandes arondinacées, de bambous, de palmiers et d'autres monocotylédones, on arrive aux différentes couches de ce calcaire qui a été nommé calcaire du Jura, parce qu'il forme le principal noyau de cette chaîne.

C'est là que la classe des reptiles prend tout son développement et déploie des formes variées et des tailles gigantesques.

La partie moyenne, composée d'oolithes et de lias, ou de calcaire gris à gryphées, a reçu en dépôt les restes de deux genres les plus extraordinaires de tous, qui unissaient les caractères de la classe des quadrupèdes ovipares avec des organes de mouvement semblables à ceux des cétacés.

L'*ichthyosaurus* (2), découvert par sir Éverard

---

(1) Voyez mes Recherches sur les ossemens fossiles, tom. v, deuxième partie, pages 355 et 525.

(2) *Ibid.*, tom. v, deuxième partie, pag. 447.

Home, a la tête d'un lézard, mais prolongée en un museau effilé, armé de dents coniques et pointues; d'énormes yeux dont la sclérotique est renforcée d'un cadre de pièces osseuses; une épine composée de vertèbres plates comme des dames à jouer, et concaves par leurs deux faces comme celles des poissons; des côtes grêles; un sternum et des os d'épaule semblables à ceux des lézards et des ornithorinques; un bassin petit et faible, et quatre membres dont les humérus et les fémurs sont courts et gros, et dont les autres os, aplatis et rapprochés les uns des autres comme des pavés, composent, enveloppés de la peau, des nageoires d'une pièce, à peu près sans inflexions, analogues, en un mot, pour l'usage comme pour l'organisation, à celles des cétacés. Ces reptiles vivaient dans la mer; à terre ils ne pouvaient tout au plus que ramper à la manière des phoques; toutefois ils respiraient l'air élastique.

On en a trouvé les débris de quatre espèces :

La plus répandue (*I. communis*, pl. 1, fig. 1) a des dents coniques mousses; sa longueur va quelquefois à plus de vingt pieds.

La seconde (*I. platyodon*), au moins aussi

grande, a des dents comprimées, portées sur une racine ronde et renflée.

La troisième (*I. tenuirostris*) a des dents grêles et pointues, et le museau mince et alongé.

La quatrième (*I. intermedius*) tient le milieu, pour les dents, entre la précédente et la commune. Ces deux dernières n'atteignent pas à moitié de la taille des deux premières (1).

Le *plesiosaurus*, découvert par M. Conybeare, devait paraître encore plus monstrueux que l'ichthyosaurus. Il en avait aussi les membres, mais déjà un peu plus alongés et plus flexibles; son épaule, son bassin étaient plus robustes ; ses vertèbres prenaient déjà davantage les formes et les articulations de celles des lézards ; mais ce qui le distinguait de tous les quadrupèdes ovipares et vivipares, c'était un cou grêle aussi long que son corps, composé de trente et quelques vertèbres, nombre supérieur à celui du cou de tous les autres animaux, s'élevant sur le tronc comme pourrait faire un corps de serpent, et se terminant par une très-petite tête dans la-

---

(1) Voyez mes Recherches, tom. v, deuxième partie, pag. 456.

quelle s'observent tous les caractères essentiels de celle des lézards.

Si quelque chose pouvait justifier ces hydres et ces autres monstres dont les monumens du moyen-âge ont si souvent répété les figures, ce serait incontestablement ce plésiosaurus (1).

On en connaît déjà cinq espèces, dont la plus répandue (*P. dolichodeirus*, pl. 1, fig. 2) arrive à plus de vingt pieds de longueur.

Une seconde (*P. recentior*), trouvée dans des couches plus modernes, a les vertèbres plus plates.

Une troisième (*P. carinatus*) montre une arête à la face inférieure de ses vertèbres.

Une quatrième et une cinquième enfin (*P. pentagonus* et *P. trigonus*) les ont à cinq et à trois arêtes (2).

Ces deux genres sont répandus partout dans le lias; on les a découverts en Angleterre, où cette pierre est à nu sur de longues falaises:

---

(1) Voyez mes Recherches sur les ossemens fossiles, tom. v, deuxième partie, pages 475 et suivantes.

(2) *Ibid.*, tom. v, deuxième partie, pages 485 et 486.

mais on les a retrouvés en France et en Allemagne.

Avec eux vivaient deux espèces de crocodiles, dont les os sont aussi déposés dans le lias, parmi des ammonites, des térébratules et d'autres coquilles de cette ancienne mer. Nous en avons des ossemens dans nos falaises de Honfleur, où se sont trouvés les débris d'après lesquels j'en ai donné les caractères (1).

Une de ces espèces, le *gavial à long bec*, avait le museau plus long et la tête plus étroite que le gavial ou crocodile à long bec du Gange ; le corps de ses vertèbres était convexe en avant, tandis que, dans nos crocodiles d'aujourd'hui, il l'est en arrière. On l'a retrouvée dans les lias de Franconie comme dans ceux de France.

Une seconde espèce, le *gavial à bec court*, avait le museau de longueur médiocre, moins effilé que le gavial du Gange, plus que nos crocodiles de Saint-Domingue. Ses vertèbres étaient légèrement concaves à leurs deux extrémités.

Mais ces crocodiles ne sont pas les seuls

(1) Voyez mes Recherches sur les ossemens fossiles, tom. v, deuxième partie, pag. 143.

qu'aient recueillis les bancs de ces calcaires secondaires.

Les belles carrières d'oolithe de Caen en ont offert un très-remarquable, dont le museau, aussi long et plus pointu que celui du gavial à long bec, est suivi d'une tête plus dilatée en arrière, à fosses temporales plus larges; c'était, par ses écailles pierreuses et creusées de fossettes rondes, le mieux cuirassé de tous les crocodiles (1). Ses dents de la mâchoire inférieure sont alternativement plus longues et plus courtes.

Il y en a encore un autre dans l'oolithe d'Angleterre, mais que l'on ne connaît que par quelques portions de son crâne, qui ne suffisent pas pour en donner une idée complète (2).

Un autre genre de reptiles bien remarquable, et dont les dépouilles, déjà existantes lors de la concrétion du lias, abondent surtout dans l'oolithe et dans les sables supérieurs, c'est le *megalosaurus*, ainsi nommé à juste titre; car, avec

(1) Voyez mes Recherches sur les ossemens fossiles, tom. v, deuxième partie, pag. 127.

(2) Nous en attendons une plus ample connaissance des recherches de M. Conybeare.

les formes des lézards, et particulièrement des monitors, dont il a aussi les dents tranchantes et dentelées, il était d'une taille si énorme qu'en lui supposant les proportions des monitors, il devait passer soixante-dix pieds de longueur : c'était un lézard grand comme une baleine (1). M. Buckland l'a découvert en Angleterre ; mais nous en avons aussi en France, et il s'en est trouvé en Allemagne des os, sinon de la même espèce, du moins d'une espèce qu'on ne peut rapporter à un autre genre. C'est à M. de Sœmmerring qu'on en doit la première description. Il les a découverts dans des couches supérieures à l'oolithe, dans ces schistes calcaires de Franconie, depuis long-temps célèbres par les nombreux fossiles qu'ils fournissaient aux cabinets des curieux, et qui vont le devenir bien davantage par les services que rend aux arts et aux sciences leur emploi dans la lithographie.

Les crocodiles continuent à se montrer dans ces schistes, et toujours des crocodiles à long museau. M. de Sœmmerring en a décrit un (le *C.*

---

(1) Voyez mes Recherches sur les ossemens fossiles, tom. v, deuxième partie, pag 343.

priscus), dont le squelette entier d'un petit individu est conservé presque comme il pourrait l'être dans nos cabinets (1). C'est un de ceux qui ressemblent le plus au gavial actuel du Gange ; néanmoins, la partie symphysée de sa mâchoire inférieure est moins longue ; ses dents inférieures sont alternativement et régulièrement plus longues et plus courtes ; il y a dix vertèbres de plus à la queue.

Mais des animaux beaucoup plus remarquables que recèlent ces mêmes schistes, ce sont les lézards volans que j'ai nommés *ptérodactyles* (pl. 2).

Ce sont des reptiles à queue très-courte, à cou très-long, à museau fort allongé et armé de dents aiguës, portés sur de hautes jambes, et dont l'extrémité antérieure a un doigt excessivement alongé, qui portait vraisemblablement une membrane propre à les soutenir en l'air, accompagné de quatre autres doigts de dimension ordinaire terminés par des ongles crochus. L'un de ces animaux étranges, et dont l'aspect serait effrayant si on les voyait aujourd'hui, pouvait

---

(1) Voyez mes Recherches sur les ossemens fossiles, tom. v, deuxième partie, pag. 120.

être de la taille d'une grive (1) ; l'autre, de celle d'une chauve-souris commune (2) ; mais il paraît, par quelques fragmens, qu'il en existait des espèces plus grandes (3) ; et M. Buckland vient tout récemment d'en découvrir de nouvelles.

Un peu au dessus des schistes calcaires est le calcaire presque homogène des crêtes du Jura. Il contient aussi des os, mais toujours de reptiles ; des crocodiles et des tortues d'eau douce, dont il offre surtout une grande abondance aux environs de Soleure. Ils y ont été recherchés avec beaucoup de soin par M. Hugi ; et, d'après les fragmens qu'il a déjà recueillis, il est aisé de reconnaître un nombre considérable d'espèces de *tortues d'eau douce* ou *émydes*, que des découvertes ultérieures pourront seules faire déterminer, mais dont plusieurs se distinguent déjà par leur grandeur et par leurs formes, de toutes les émydes connues (4).

---

(1) Voyez mes Recherches sur les ossemens fossiles, tom. v, deuxième partie, pages 358 et suivantes.

(2) *Ibid.*, pag. 376.

(3) *Ibid.*, pag. 380.

(4) *Ibid.*, pag. 225.

C'est parmi ces innombrables quadrupèdes ovipares, de toutes les tailles et de toutes les formes ; au milieu de ces crocodiles, de ces tortues, de ces reptiles volans, de ces immenses mégalosaurus, de ces monstrueux plésiosaurus, que se seraient montrés, dit-on, pour la première fois, quelques petits mammifères ; il est certain que des mâchoires et quelques autres os découverts en Angleterre appartiennent à cette classe, et spécialement à la famille des didelphes ou à celle des insectivores.

Plusieurs géologistes ont soupçonné cependant que les pierres qui les incrustent sont dues à quelque recomposition locale et postérieure à l'époque de la formation primitive des bancs. Quoi qu'il en soit, pendant long-temps encore on trouve que la classe des reptiles dominait exclusivement.

Les sables ferrugineux placés, en Angleterre, au dessous de la craie, contiennent en abondance des crocodiles, des tortues, des mégalosaurus, et surtout un reptile qui offrait encore un caractère tout particulier, celui d'user ses dents comme nos mammifères herbivores.

C'est à M. Mantell, de Lewes en Sussex, que

l'on doit la découverte de ce dernier animal, ainsi que des autres grands reptiles de ces sables inférieurs à la craie (1). Il l'a nommé *iguanodon*.

Dans la craie même il n'y a que des reptiles ; on y voit des restes de tortues, de crocodiles. Les fameuses carrières de tuffau de la montagne de Saint-Pierre, près de Maëstricht, qui appartiennent à la formation de la craie, ont donné à côté de très-grandes tortues de mer et d'une infinité de coquilles et de zoophytes marins, un genre de lézards non moins gigantesques que le mégalosaurus, qui est devenu célèbre par les recherches de Camper et par les figures que Faujas a données de ses os, dans son histoire de cette montagne.

Il était long de vingt-cinq pieds et plus ; ses grandes mâchoires étaient armées de dents très-fortes, coniques, un peu arquées et relevées d'une arête, et il portait aussi quelques unes de ces dents dans le palais. On comptait plus de cent trente vertèbres dans son épine, convexes en avant, concaves en arrière. Sa queue était

(1) Voyez mes Recherches sur les ossemens fossiles, tom. v, deuxième partie, pages 161, 232 et 350.

haute et plate, et formait une large rame verticale (1). M. Conybeare a proposé récemment de l'appeler *mosasaurus*.

Les argiles et les lignites qui recouvrent le dessus de la craie ne m'ont encore offert que des crocodiles (2). J'ai tout lieu de croire que les lignites, qui ont donné, en Suisse, des os de castor et des tortues du genre appelé trionyx, et qui est comme le crocodile propre aux rivières des pays chauds (3), appartiennent à un âge plus récent. Ce n'est même que dans le calcaire grossier qui repose sur ces argiles, que j'ai commencé à trouver des os de mammifères; encore appartiennent-ils tous à des mammifères marins, à des dauphins inconnus, à des lamantins, à des morses.

Parmi les dauphins, il en est un dont le museau, plus allongé que dans aucune espèce con-

(1) Voyez mes Recherches sur les ossemens fossiles tom. v, deuxième partie, pages 310 et suivantes.

(2) *Ibid.*, pag. 163.

(3) Tout récemment M. Graves a envoyé au Muséum d'histoire naturelle une grande carapace de trionyx, trouvée dans les terres noires des environs de Beauvais.

nue, avait la mâchoire inférieure symphysée sur une bonne partie de sa longueur presque comme dans un gavial. Il a été trouvé près de Dax par feu le président de Borda (1).

Un autre, des faluns du département de l'Orne, avait aussi le museau long, mais un peu autrement conformé (2).

Le genre entier des lamantins est aujourd'hui habitant des mers de la zone torride; et celui des morses, dont on ne connaît qu'une espèce vivante, est confiné dans la mer Glaciale. Cependant nous trouvons des ossemens de ces deux genres réunis dans les couches de calcaire grossier du milieu de la France; et cette réunion d'espèces, dont les plus semblables sont aujourd'hui dans des zones opposées, se reproduira plus d'une fois.

Nos lamantins fossiles sont différens des lamantins connus par une tête plus alongée et autrement configurée (3). Leurs côtes, très-recon-

---

(1) Voyez mes Recherches sur les ossemens fossiles, tom. v, première partie, pag. 316.

(2 *Ibid.*, pag. 317.

(3) *Ibid.*, pag. 266.

naissables à leur épaisseur arrondie et à la densité de leur tissu, ne sont pas rares dans nos différentes provinces.

Quant au morse fossile, on n'en a encore que de petits fragmens insuffisans pour en caractériser l'espèce (1).

Ce n'est que dans les couches qui ont succédé au calcaire grossier, ou tout au plus dans celles qui auraient pu se former en même temps que lui, mais dans les lacs d'eau douce, que la classe des mammifères terrestres commence à se montrer dans une certaine abondance.

Je regarde comme appartenant au même âge, et comme ayant vécu ensemble, mais peut-être sur différens points, les animaux dont les ossemens sont ensevelis dans les mollasses et des couches anciennes de gravier du midi de la France ; dans les gypses mêlés de calcaire, tels que ceux des environs de Paris et d'Aix, et dans les bancs marneux d'eau douce recouverts de bancs marins de l'Alsace, de l'Orléanais et du Berry.

---

(1) Voyez mes Recherches sur les ossemens fossiles, première partie, pag. 234 ; et deuxième partie, pag. 521.

Cette population animale porte un caractère très-remarquable dans l'abondance et la variété de certains genres de pachydermes, qui manquent entièrement parmi les quadrupèdes de nos jours, et dont les caractères se rapprochent plus ou moins des tapirs, des rhinocéros et des chameaux.

Ces genres, dont la découverte entière m'est due, sont : les *palæotheriums*, les *lophiodons*, les *anoplotheriums*, les *anthracotheriums*, les *cheropotames*, les *adapis*.

Les palæotheriums ressemblaient aux tapirs par la forme générale, par celle de la tête, notamment par la brièveté des os du nez, qui annonce qu'ils avaient, comme les tapirs, une petite trompe ; enfin par les six dents incisives et les deux canines à chaque mâchoire ; mais ils ressemblaient aux rhinocéros par leurs dents mâchelières, dont les supérieures étaient carrées, avec des crêtes saillantes diversement configurées, et les inférieures en forme de doubles croissans, et par leurs pieds, tous les quatre divisés en trois doigts, tandis que dans les tapirs ceux de devant en ont quatre.

C'est un des genres les plus répandus et les

plus nombreux en espèces dans les terrains de cet âge.

Nos plâtrières des environs de Paris en fourmillent : on y en trouve des os de sept espèces. La première (*P. magnum*, pl. 3, fig. 1), grande comme un cheval ; trois autres de la taille d'un cochon, mais une (*P. medium*) avec des pieds étroits et longs ; une (*P. crassum*) avec des pieds plus larges ; une (*P. latum*) avec des pieds encore plus larges et surtout plus courts ; la cinquième espèce (*P. curtum*), de la taille d'un mouton, est bien plus basse et a les pieds encore plus larges et plus courts à proportion que la précédente ; une sixième (*P. minus*) est de la taille d'un agneau, et a des pieds grêles dont les doigts latéraux sont plus courts que les autres ; enfin il y en a une (*P. minimum*) qui n'est pas plus grande qu'un lièvre : elle a aussi les pieds grêles (1).

On a trouvé aussi des *palæotheriums* dans d'autres contrées de la France : au Puy en Velai, dans des lits de marne gypseuse, une espèce

---

(1) Voyez mes Recherches sur les ossemens fossiles, in-4°, dans tout le tom. III, et spécialement pag. 250; et tom. V, deuxième partie, pag. 505.

(*P. velaunum*) (1) très-semblable au *P. medium*, mais qui en diffère par quelques détails de sa mâchoire inférieure; aux environs d'Orléans, dans des couches de pierre marneuse, une espèce (*P. aurelianense*) (2) qui se distingue des autres, parce que ses molaires inférieures ont l'angle rentrant de leur croissant fendu en une double pointe, et par quelques différences dans les collines des molaires supérieures; auprès d'Issel, dans une couche de gravier ou de mollasse, le long des pentes de la Montagne-Noire, une espèce (*P. isselanum*) (3), qui a le même caractère que celle d'Orléans, et dont la taille est plus petite; mais c'est surtout dans les mollasses du département de la Dordogne que le palæotherium s'est retrouvé non moins abondamment que dans nos plâtrières de Paris.

M. le duc Decaze en a découvert dans les carrières d'un seul parc, des os de trois espèces

---

(1) Voyez mes Recherches sur les ossemens fossiles tom. v, deuxième partie, pag. 505.

(2) *Ibid.*, tom. III, pag. 254; et tom. IV, pages 498 et 499

(3) *Ibid.*, tom. III, pag. 258

qui paraissent différentes de toutes celles de nos environs (1).

Les *lophiodons* se rapprochent encore un peu plus des tapirs que ne font les palæotheriums, en ce que leurs mâchelières inférieures ont des collines transverses comme celles des tapirs.

Ils diffèrent cependant de ces derniers, parce que celles de devant sont plus simples, que la dernière de toutes a trois collines, et que les supérieures sont rhomboïdales et relevées d'arêtes fort semblables à celle des rhinocéros.

On ignore encore quelle est la forme de leur museau et le nombre de leurs doigts. J'en ai découvert jusqu'à douze espèces, toutes de France, ensevelies dans des pierres marneuses formées dans l'eau douce, et remplies de limnées et de planorbes qui sont des coquilles d'étang et de marais.

La plus grande se trouve près d'Orléans dans la même carrière que les palæotheriums; elle approche du rhinocéros.

Il y en a dans le même lieu une autre plus

---

(1) Voyez mes Recherches sur les ossemens fossiles, tom. v, deuxième partie, pag. 505.

petite ; une troisième se trouve à Montpellier ; une quatrième près de Laon ; deux près de Buchsweiler en Alsace ; cinq près d'Argenton, en Berry ; et l'une des trois se retrouve près d'Issel, où il y en a encore deux autres. Il y en a aussi une très-grande près de Gannat (1).

Ces espèces diffèrent entre elles par la taille, qui dans les plus petites devait égaler à peine celle d'un agneau de trois mois, et par des détails dans les formes de leurs dents qu'il serait trop long et trop minutieux d'exposer ici.

Ce sont surtout des os de lophiodon qui se sont trouvés près de Paris dans les couches supérieures du calcaire grossier.

Les *anoplotheriums* ne se sont trouvés jusqu'à présent que dans les seules plâtrières des environs de Paris et dans quelques endroits du calcaire grossier du même canton. Ils ont deux caractères qui ne s'observent dans aucun autre animal ; des pieds à deux doigts dont les métacarpes et les métatarses demeurent distincts et

---

(1) Voyez mes Recherches sur les ossemens fossiles, tom. II, première partie, pages 177 et 218 ; tom. III, page 394 ; et tom. IV, pag. 498.

ne se soudent pas en canons comme ceux des ruminans, et des dents en série continue, et que n'interrompt aucune lacune. L'homme seul a les dents ainsi contiguës les unes aux autres sans intervalle vide; celles des anoplotheriums consistent en six incisives à chaque mâchoire, une canine et sept molaires de chaque côté, tant en haut qu'en bas; leurs canines sont courtes et semblables aux incisives externes. Les trois premières molaires sont comprimées; les quatre autres sont, à la mâchoire supérieure, carrées avec des crêtes transverses et un petit cône entre elles; et à la mâchoire inférieure en double croissant, mais sans collet à la base. La dernière a trois croissans. Leur tête est de forme oblongue, et n'annonce pas que le museau se soit terminé ni en trompe ni en boutoir.

Ce genre extraordinaire, qui ne peut se comparer à rien dans la nature vivante, se subdivise en trois sous-genres : les *anoplotheriums* proprement dits, dont les molaires antérieures sont encore assez épaisses, et dont les postérieures d'en bas ont leurs croissans à crête simple; les *xiphodons*, dont les molaires antérieures sont minces et tranchantes, et dont les postérieures d'en bas ont vis-à-vis la concavité de chacun de leurs croissans une pointe qui prend aussi en s'usant la forme d'un croissant, en sorte qu'alors les croissans sont doubles comme dans les ruminans; les *dichobunes*, dont les croissans extérieurs sont pointus dans le commencement, et qui ont ainsi sur leurs arrière molaires inférieures des pointes disposées par paires.

L'*anoplotherium* le plus commun dans nos plâtrières (*An. commune*, pl. 3, fig. 2) est un animal haut comme un sanglier, mais bien plus alongé, et portant une queue très-longue et très-grosse, en sorte qu'au total il a à peu près les proportions de la loutre, mais plus en grand. Il est probable qu'il nageait bien et fréquentait les lacs, dans le fond desquels ses os ont été incrustés par le gypse qui s'y déposait. Nous en avons un un peu plus petit, mais d'ailleurs assez semblable (*An. secundarium*).

Nous ne connaissons encore qu'un xiphodon, mais très-remarquable, celui que je nomme *An. gracile*. Il est svelte et léger comme la plus jolie gazelle.

Il y a un dichobune à peu près de la taille du lièvre, que j'appelle *An. leporinum*. Outre ses caractères sous-génériques, il diffère des anoplotheriums et des xiphodons par deux doigts petits et grêles qu'il a à chaque pied aux côtés des deux grands doigts.

Nous ne savons pas si ces doigts latéraux existent dans les deux autres dichobunes, qui sont petits et surpassent à peine le cochon d'Inde (1).

Le genre des *anthracotheriums* est à peu près intermédiaire entre les palæotheriums, les anoplotheriums et les cochons. Je l'ai nommé ainsi, parce que deux de ces espèces ont été trouvées dans les lignites de Cadibona, près de Savone. La première approchait du rhinocéros pour la taille; la seconde était beaucoup moindre. On en trouve aussi en Alsace et dans le Velai. Leurs mâchelières ont des rapports avec celles des anoplotheriums; mais ils ont des canines saillantes (2).

Le genre *cheropotame* vient de nos plâtrières,

(1) Sur les anoplotheriums, voyez tout le tome III de mes Recherches, et particulièrement les pages 250 et 396.

(2) Voyez mes Recherches sur les ossemens fossiles, tom. III, pag. 398 et 404; tom. IV, pag. 501; tom. V, deuxième partie, pag. 506.

où il accompagne les palæotheriums et les anoplotheriums ; mais où il est beaucoup plus rare. Ses molaires postérieures sont carrées en haut, rectangulaires en bas, et ont quatre fortes éminences coniques entourées d'éminences plus petites. Les antérieures sont des cônes courts, légèrement comprimées et à deux racines. Ses canines sont petites. On ne connaît pas encore ses incisives ni ses pieds. Je n'en ai qu'une espèce de la taille d'un cochon de Siam (1).

Le genre *adapis* n'a également qu'une espèce, au plus de la taille d'un lapin : il vient aussi de nos plâtrières, et devait tenir de près aux anoplothériums (2).

Ainsi voilà près de quarante espèces de pachydermes de genres entièrement éteints, et dans des tailles et des formes auxquelles le règne animal actuel n'offre de comparables que trois tapirs et un daman.

Ce grand nombre de pachydermes est d'autant plus remarquable, que les ruminans, au-

(1) Voyez mes Recherches sur les ossemens fossiles, tom. III, pag. 260.

(2) *Ibid.*, pag. 265.

jourd'hui si nombreux dans les genres des cerfs et des gazelles, et qui arrivent à une si grande taille dans ceux des bœufs, des girafes et des chameaux, ne se montrent presque pas dans les terrains dont nous parlons maintenant.

Je n'en ai pas vu le moindre reste dans nos plâtrières, et tout ce qui m'en est parvenu consiste en quelques fragmens d'un cerf de la taille du chevreuil, mais d'une autre espèce, recueillis avec les palæotheriums d'Orléans (1), et dans un ou deux autres petits morceaux de Suisse, et peut-être d'origine équivoque.

Mais nos pachydermes n'étaient pas pour cela les seuls habitans des pays où ils vivaient. Dans nos plâtrières, du moins, nous trouvons avec eux des carnassiers, des rongeurs, plusieurs sortes d'oiseaux, des crocodiles et des tortues ; et ces deux derniers genres les accompagnent aussi dans les mollasses et les pierres marneuses du milieu et du midi de la France.

A la tête des carnassiers je place une chauve-souris tout récemment découverte à Montmartre,

(1) Voyez mes Recherches sur les ossemens fossiles, tom. IV, pag. 103.

et du propre genre des vespertilions (1). L'existence de ce genre à une époque si reculée, est d'autant plus surprenante, que ni dans ce terrain, ni dans ceux qui lui ont succédé, je n'ai pas vu d'autre trace ni des cheiroptères ni des quadrumanes. Aucun os, aucune dent de singe ni de maki ne se sont jamais présentés à moi dans mes longues recherches.

Montmartre a aussi donné les os d'un renard différent du nôtre, et qui diffère également des chacals, des isatis et des différentes espèces de renards que nous connaissons en Amérique (2); ceux d'un carnassier voisin des ratons et des coatis, mais plus grand que ceux qui sont connus (3); ceux d'une espèce particulière de genette (4), et de deux ou trois carnassiers impossibles à déterminer, faute d'en avoir des portions assez complètes.

---

(1) J'en dois la connaissance à M. le comte de Bournon. Voyez Recherches sur les ossemens fossiles, tom. I, planche II, figures 1 et 2.

(2) Voyez mes Recherches sur les ossemens fossiles, tom. III, pag. 267.

(3) *Ibid.*, pag. 269.

(4) *Ibid.*, pag. 272.

Ce qui est bien plus notable encore, il y a des squelettes d'un petit sarigue, voisin de la marmose, mais différent, et par conséquent d'un animal dont le genre est aujourd'hui confiné dans le Nouveau-Monde (1), et celui d'une espèce beaucoup plus grande de la même famille, d'un thylacine, genre qui ne s'est retrouvé vivant qu'à la Nouvelle-Hollande (2). On y a recueilli aussi des squelettes de deux petits rongeurs du genre des loirs (3) et une tête du genre des écureuils (4).

Nos plâtrières sont plus fécondes en os d'oiseaux qu'aucuns des autres bancs antérieurs et postérieurs : on y en trouve des squelettes entiers et des parties d'au moins dix espèces de tous les ordres (5).

---

(1) Voyez mes Recherches sur les ossemens fossiles, tom. III, pag. 284.

(2) Je donnerai la description de ses débris dans un volume de supplément à mes Recherches sur les os fossiles, qui paraîtra dans quelque temps.

(3) Voyez mes Recherches sur les ossemens fossiles, tom. III, pages 297 et 300.

(4) *Ibid.*, tom. V, deuxième partie, page 506.

(5) *Ibid.*, tom. III, pages 304 et suivantes.

Les crocodiles de l'âge dont nous parlons se rapprochent de nos crocodiles vulgaires par la forme de la tête, tandis que dans les bancs de l'âge du Jura on ne voit que des espèces voisines du gavial.

Il y en avait à Argenton une espèce remarquable par des dents comprimées, tranchantes, et à tranchant dentelé comme celles de certains monitors (1). On en voit aussi quelques restes dans nos plâtrières (2).

Les tortues de cet âge sont toutes d'eau douce; les unes appartiennent au sous-genre des emydes; et il y en a, soit à Montmartre (3), soit surtout dans les molasses de la Dordogne (4), de plus grandes que toutes celles que l'on connaît vivantes; les autres sont des trionyx ou tortues molles (5). Ce genre, que l'on distingue aisé-

---

(1) Voyez mes Recherches sur les ossemens fossiles, tom. v, deuxième partie, pag. 166.

(2) *Ibid.*, tom. III, pag. 335; tom. v, deuxième partie, pag. 166.

(3) *Ibid.*, tom. III, pag. 333.

(4) *Ibid.*, tom. v, deuxième partie, pag. 232.

(5) *Ibid.*, tom. III, pag. 329; tom. v, deuxième partie, pag. 222.

ment à la surface vermiculée des os de sa carapace, et qui n'existe aujourd'hui que dans les rivières des pays chauds, telles que le Nil, le Gange, l'Orénoque, était très-abondant sur les terrains qu'habitaient les palæotheriums. Il y en a une infinité de débris à Montmartre (1), et dans les mollasses de la Dordogne et autres dépôts de graviers du midi de la France (2).

Les lacs d'eau douce autour desquels vivaient ces divers animaux, et qui recevaient leurs ossemens, nourrissaient, outre les tortues et les crocodiles, quelques poissons et quelques coquillages. Tous ceux que l'on a recueillis sont aussi étrangers à notre climat, et même aussi inconnus dans les eaux actuelles, que les palæotheriums et les autres quadrupèdes leurs contemporains (3).

---

(1) Voyez mes Recherches sur les ossemens fossiles, tom. v, deuxième partie, pages 223 et 227.

(2) M. Graves vient de me communiquer la carapace bien entière d'un très-grand trionyx des terres noires de Beauvais.

(3) Voyez mes Recherches sur les ossemens fossiles, tom. III, pag. 338.

Les poissons appartiennent même en partie à des genres inconnus.

Ainsi l'on ne peut douter que cette population, que l'on pourrait appeler d'âge moyen, cette première grande production de mammifères, n'ait été entièrement détruite ; et, en effet, partout où l'on en découvre les débris, il y a au dessus de grands dépôts de formation marine, en sorte que la mer a envahi les pays que ces races habitaient, et s'est reposée sur eux pendant un temps assez long.

Les pays inondés par elle à cette époque étaient-ils considérables en étendue? c'est ce que l'étude de ces anciens bancs, formés dans leurs lacs, ne permet pas encore de décider.

J'y rapporte nos plâtrières et celles d'Aix, plusieurs carrières de pierres marneuses et les mollasses, du moins celles du midi de la France. Je crois pouvoir y rapporter aussi les portions des mollasses de Suisse, et des lignites de Ligurie et d'Alsace, où l'on trouve des quadrupèdes des familles que je viens de faire connaître ; mais je ne sache pas qu'aucuns de ces animaux se soient encore retrouvés en d'autres pays. Les os fossiles de l'Allemagne, de l'Angleterre et de l'Italie, que je connais, sont ou plus anciens ou plus nouveaux que ceux dont nous venons de parler, et appartiennent ou à ces antiques races de reptiles des terrains jurassiques et des schistes cuivreux, ou aux dépôts de la dernière inondation universelle, aux terrains diluviaux.

Il est donc permis de croire, jusqu'à ce que l'on ait la preuve du contraire, qu'à l'époque où vivaient ces nombreux pachydermes, le globe ne leur offrait pour habitations qu'un petit nombre de plaines assez fécondes pour qu'ils s'y multipliassent, et que peut-être ces plaines étaient des régions insulaires, séparées par d'assez grands espaces des chaînes plus élevées, où nous ne voyons pas que nos animaux aient laissé des traces.

Grâces aux recherches de M. Adolphe Brongniart, nous connaissons aussi la nature des végétaux qui couvraient ces terres peu nombreuses. On recueille, dans les mêmes couches que nos palæotheriums, des troncs de palmiers et beaucoup d'autres de ces belles plantes dont les genres ne croissent plus que dans les pays chauds; les palmiers, les crocodiles, les trionyx, se retrouvent toujours en plus ou moins grand nombre là où se trouvent nos anciens pachydermes (1).

Mais la mer, qui avait recouvert ces terrains et détruit leurs animaux, laissa de grands dépôts qui forment encore aujourd'hui, à peu de profondeur, la base de nos grandes plaines; ensuite elle se retira de nouveau, et livra d'immenses surfaces à une population nouvelle, à celle dont les débris remplissent les couches sablonneuses et limoneuses de tous les pays connus.

C'est à ce dépôt paisible de la mer que je crois devoir rapporter qnelques cétacés fort semblables à ceux de nos jours : un dauphin, voisin de notre épaulard (2), et une baleine (3) très-semblable à nos rorquals, déterrés l'un et l'autre en Lombardie par M. Cortesi; une grande tête de baleine trouvée dans l'enceinte même de Paris (4), et décrite par Lamanon et par Daubenton; et un genre entièrement nouveau, que j'ai

(1) Voyez mes Recherches sur les ossemens fossiles, tom. III, pag. 351 et suivantes.

(2) *Ibid.*, tom. v, première partie, pag. 309.

(3) *Ibid.*, pag. 390.

(4) *Ibid.*, pag. 393.

découvert et nommé *ziphius*, et qui se compose déjà de trois espèces. Il se rapproche des cachalots et des hypérodons (1).

Dans la population qui remplit nos couches meubles et superficielles, et qui a vécu sur le dépôt dont nous venons de parler, il n'y a plus ni palæotheriums, ni anoplotheriums, ni aucun de ces genres singuliers. Les pachydermes cependant y dominaient encore; mais des pachydermes gigantesques, des éléphans, des rhinocéros, des hippopotames, accompagnés d'innombrables chevaux et de plusieurs grands ruminans. Des carnassiers de la taille du lion, du tigre, de l'hyène, désolaient ce nouveau règne animal. En général, son caractère, même dans l'extrême nord et sur les bords de la mer Glaciale d'aujourd'hui, ressemblait à celui que la seule zone torride nous offre maintenant, et toutefois aucune espèce n'y était absolument la même.

Parmi ces animaux se montrait surtout l'éléphant appelé *mammouth* par les Russes (*Elephas*

(1) Voyez mes Recherches sur les ossemens fossiles, tome v, première partie, pages 352 et 357.

primigenius. Blumemb.), haut de quinze et dix-huit pieds, couvert d'une laine grossière et rousse, et de longs poils roides et noirs qui lui formaient une crinière le long du dos; ses énormes défenses étaient implantées dans des alvéoles plus longs que ceux des éléphans de nos jours; mais du reste il ressemblait assez à l'éléphant des Indes (1). Il a laissé des milliers de ses cadavres, depuis l'Espagne jusqu'aux rivages de la Sibérie, et l'on en retrouve dans toute l'Amérique septentrionale; en sorte qu'il était répandu des deux côtés de l'Océan, si toutefois l'Océan existait de son temps à la place où il est aujourd'hui. Chacun sait que ses défenses sont encore si bien conservées dans les pays froids, qu'on les emploie aux mêmes usages que l'ivoire frais; et, comme nous l'avons fait remarquer précédemment, on en a trouvé des individus avec leur chair, leur peau et leurs poils, qui étaient demeurés gelés depuis la dernière cata-

(1) Voyez mes Recherches sur les ossemens fossiles, tom. I, pag. 76 à 195 et 335; tom. III, pag. 371 et 405; tom. IV, pag. 491.

strophe du globe. Les Tartares et les Chinois ont imaginé que c'est un animal qui vit sous terre, et qui périt sitôt qu'il aperçoit le jour.

Après lui, et presque son égal, venait aussi dans les pays qui forment les deux continens actuels, le *mastodonte à dents étroites*, semblable à l'éléphant, armé comme lui d'énormes défenses, mais de défenses revêtues d'émail, plus bas sur jambes, et dont les mâchelières, mamelonnées et revêtues d'un émail épais et brillant, ont fourni pendant long-temps ce que l'on appelait turquoises occidentales (1).

Ses débris, assez communs dans l'Europe tempérée, ne le sont pas autant vers le nord; mais on en retrouve dans les montagnes de l'Amérique du sud avec deux espèces voisines.

L'Amérique du nord possède en nombre immense les débris du *grand mastodonte*, espèce plus grande que la précédente, aussi haute à proportion que l'éléphant, à défenses non moins énormes, et que ses mâchelières, hérissées de

(1) Voyez mes Recherches sur les ossemens fossiles, tom. I, pag. 250 à 265 et pag. 335; tom. IV, pag. 493.

pointes, ont fait prendre long-temps pour un animal carnivore (1).

Ses os étaient d'une grande épaisseur et de beaucoup de solidité; on prétend avoir retrouvé jusqu'à ses sabots et son estomac, encore conservés et reconnaissables, et l'on assure que l'estomac était rempli de branches d'arbre concassées. Les sauvages croient que cette race a été détruite par les dieux, de peur qu'elle ne détruisît l'espèce humaine.

Avec ces énormes pachydermes vivaient les deux genres un peu inférieurs des rhinocéros et des hippopotames.

L'hippopotame de cette époque était assez commun dans les pays qui forment aujourd'hui la France, l'Allemagne, l'Angleterre; il l'était surtout en Italie. Sa ressemblance avec l'espèce actuelle d'Afrique était telle, qu'il faut une comparaison attentive pour en saisir les distinctions (2).

---

(1) Voyez mes Recherches sur les ossemens fossiles, tome I, pag. 206 à 249; tom. III, pag. 376.

(2) *Ibid.*, pag. 304 à 322; tom. III, pag. 380; tom. IV,

Il y avait aussi, dans ce temps-là, une petite espèce d'hippopotame de la taille du sanglier, à laquelle on ne peut rien comparer maintenant.

Les rhinocéros de grande taille étaient au moins au nombre de trois, tous bicornes.

L'espèce la plus répandue en Allemagne, en Angleterre (mon *Rh. tichorhinus*), et qui, comme l'éléphant, se retrouve jusque près des bords de la mer Glaciale, où elle a aussi laissé des individus entiers, avait la tête alongée, les os du nez très-robustes, soutenus par une cloison des narines osseuse et non simplement cartilagineuse, et manquait d'incisives (1).

Une autre espèce plus rare et de pays plus tempérés (*Rh. incisivus*) (2), avait des incisives

---

pag. 493. Tout nouvellement je viens de recevoir de Sicile, par M. le comte de Ratti-Menton, des os d'un hippopotame un peu plus petit que l'ordinaire, trouvés en abondance dans une caverne du voisinage de Palerme.

(1) Voyez mes Recherches sur les ossemens fossiles, tom. II, première partie, pag. 64 : et tom. IV, pag. 496.

(2) *Ibid.*, tom. II, première partie, pag. 89 ; tom. III, pag. 399 ; et tom. V, deuxième partie, pag. 501.

comme nos rhinocéros actuels des Indes Orientales, et ressemblait surtout à celui de Sumatra (1) ; ses caractères distinctifs dépendaient des formes un peu différentes de sa tête.

La troisième (*Rh. leptorhinus*) manquait d'incisives, comme la première et comme le rhinocéros du Cap d'aujourd'hui ; mais elle se distinguait par un museau plus pointu et des membres plus grêles (2). C'est surtout en Italie que ses os sont enfouis, dans les mêmes couches que ceux d'éléphans, de mastodontes et d'hippopotames.

Il y a ensuite une quatrième espèce (*Rh. minutus*) munie, comme la deuxième, de dents incisives, mais de taille beaucoup moindre, et à peine supérieure au cochon (3). Elle était rare, sans doute, car on n'en a encore recueilli les débris que dans quelques endroits de France.

A ces quatre genres de grands pachydermes, s'en joignait un qui les égalait pour la taille, dont

---

(1) Voyez mes Recherches sur les ossemens fossiles, tom. III, pag. 385.

(2) *Ibid.*, tom. II, première partie, pag. 71.

(3) *Ibid.*, pag. 89.

les mâchelières ressemblaient à celles du tapir, mais dont la mâchoire inférieure portait deux énormes défenses, presque égales à celles d'un éléphant. Ceux qui ont complété, par ce dernier caractère, la connaissance de cet animal, lui ont imposé le nom de *deinotherium*. Il était au moins double de l'hippopotame pour la longueur (1).

On en trouve les mâchelières en plusieurs lieux de France et d'Allemagne ; et presque toujours accompagnant celles de rhinocéros, de mastodontes ou d'éléphans.

Il s'y joignait encore, mais, à ce qu'il paraît, en un très-petit nombre de lieux, un grand pachyderme dont on ne connaît que la mâchoire inférieure, et dont les dents étaient en doubles croissans et ondulées. M. Fischer, qui l'a découvert

---

(1) Voyez mes Recherches sur les ossemens fossiles, tom. II, première partie, pag. 165. C'est tout nouvellement que la mâchoire inférieure de cet animal a été découverte, portant encore ses défenses, dans une sablonnière très-riche en ossemens, située à Eppelsheim, dans l'ancien Palatinat. Voyez le Mém. de M. Kaup, dans l'Isis de 1829, p. 409. J'en parlerai en détail dans mon Supplément.

parmi des os de Sibérie, l'a nommé *Elasmotherium* (1).

Le genre du cheval existait aussi dès ce temps-là (2). Ses dents accompagnent par milliers celles que nous venons de nommer dans presque tous leurs dépôts ; mais il n'est pas possible de dire si c'était ou non une des espèces aujourd'hui existantes, parce que les squelettes de ces espèces se ressemblent tellement, qu'on ne peut les distinguer d'après des fragmens isolés.

Les ruminans étaient infiniment plus nombreux qu'à l'époque des palæotheriums ; leur proportion numérique devait même assez peu différer de ce qu'elle est aujourd'hui ; mais on s'est assuré pour plusieurs espèces qu'elles étaient différentes.

C'est ce que l'on peut dire surtout avec beaucoup de certitude d'un cerf de taille supérieure même à l'élan, qui est commun dans les marnières et les tourbières de l'Irlande et de l'An-

---

(1) Voyez mes Recherches sur les ossemens fossiles, tom. II, première partie, pag. 95.

(2) *Ibid.*, pag. 109.

gleterre, et dont on a aussi déterré des restes en France, en Allemagne et en Italie dans les mêmes lits qui recèlent des os d'éléphant : ses bois, élargis et branchus, ont jusqu'à douze et quatorze pieds d'une pointe à l'autre en suivant les courbures (pl. 5) (1).

La distinction n'est pas aussi claire pour les os de cerfs et de bœufs que l'on a recueillis dans certaines cavernes et dans les fentes de certains rochers ; ils y sont quelquefois, et surtout dans les cavernes de l'Angleterre, accompagnés d'os d'éléphant, de rhinocéros, d'hippopotame, et de ceux d'une hyène qui se rencontre aussi dans plusieurs couches meubles avec ces mêmes pachydermes ; par conséquent ils sont du même âge ; mais il n'en reste pas moins difficile de dire en quoi ils diffèrent des bœufs et des cerfs d'aujourd'hui (2).

Les fentes des rochers de Gibraltar, de Cette,

---

(1) Voyez mes Recherches sur les ossemens fossiles, tom. IV, pag. 70.

(2) J'en parlerai dans le volume de Supplément à mes Recherches sur les fossiles.

de Nice, d'Uliveto près de Pise, et d'autres lieux des bords de la Méditerranée, sont remplies d'un ciment rouge et dur qui enveloppe des fragmens de rocher et des coquilles d'eau douce avec beaucoup d'os de quadrupèdes, la plupart fracturés : c'est ce que l'on a nommé des brèches osseuses. Les os qui les remplissent offrent quelquefois des caractères suffisans pour prouver qu'ils viennent d'animaux inconnus au moins en Europe. On y trouve, par exemple, quatre espèces de cerfs, dont trois ont à leurs dents des caractères qui ne s'observent que dans les cerfs de l'archipel des Indes.

Il y en a près de Vérone une cinquième dont les bois surpassent en volume ceux des cerfs du Canada (1). MM. Jobert et Croiset ont découvert beaucoup d'autres nouvelles espèces de cerfs dans la montagne de Perrier ou de Boulade, près d'Issoire, en Auvergne (2).

---

(1) Voyez mes Recherches sur les ossemens fossiles, tom. IV, pag. 168 à 225.

(2) Recherches sur les ossemens fossiles du département du Puy-de-Dôme (Clermont, 1829).

On trouve aussi dans certains lieux, avec des os de rhinocéros et d'autres quadrupèdes de cette époque, ceux d'un cerf tellement semblable au renne, qu'il serait très-difficile de lui assigner des caractères distinctifs ; ce qui est d'autant plus extraordinaire, que les rennes sont aujourd'hui confinés dans les climats les plus glacés du nord, tandis que tout le genre des rhinocéros appartient à la zone torride (1).

Il existe dans les couches dont nous parlons des restes d'une espèce fort semblable au daim, mais d'un tiers plus grande (2), et des quantités innombrables de bois très-ressemblans à ceux des cerfs d'aujourd'hui (3), ainsi que des os très-analogues à ceux de l'aurochs (4) et à ceux du bœuf domestique (5), deux espèces fort dis-

---

(1) Voyez mes Recherches sur les ossemens fossiles, tom. IV, pag. 89.

(2) *Ibid.*, pag. 94.

(3) *Ibid.*, pag. 98.

(4) *Ibid.*, pag. 140 ; et tom. V, deuxième partie, pag. 509.

(5) *Ibid.*, pag. 150 ; tom. V, deuxième partie, pag. 510.

tinctes que les naturalistes qui nous ont précédés avaient mal à propos confondues. Cependant les têtes entières, semblables à celles de ces deux animaux, ainsi qu'à celle du bœuf musqué du Canada (1), que l'on a souvent retirées de la terre, ne viennent pas de positions assez bien constatées pour qu'on puisse assurer que ces espèces aient été contemporaines des grands pachydermes que nous venons de mentionner.

Les brèches osseuses des bords de la Méditerranée ont aussi donné deux espèces de *lagomys* (2), animaux dont le genre n'existe aujourd'hui qu'en Sibérie; deux espèces de lapins (3), des campagnols, et des rats de la taille du rat d'eau et de celle de la souris (4). Les cavernes de l'Angleterre en ont donné également (5).

---

(1) Voyez mes Recherches sur les ossemens fossiles, tom. IV, pag, 155.

(2) *Ibid.*, pages 199 à 204.

(3) *Ibid.*, pages 174, 177 et 196; tom. V, première partie, pag. 55.

(4) *Ibid.*, pages 178, 202 et 206; tom. V, première partie, pag. 54.

(5) *Ibid.*, tom. V, première partie, pag. 55.

Les brèches osseuses contiennent jusqu'à des os de musaraignes et de petits lézards (1).

Il y a dans certaines couches sableuses de la Toscane des dents d'un porc-épic (2), et dans celles de la Russie des têtes d'une espèce de castor plus grande que les nôtres, que M. Fischer a nommée *trogontherium* (3).

Mais c'est surtout dans la classe des édentés que ces races d'animaux de l'avant-dernière époque reprennent une taille bien supérieure à celle de leurs congénères actuels, et s'élèvent même à une grandeur tout-à-fait gigantesque.

Le *megatherium* (pl. 4) réunit une partie des caractères génériques des tatous avec une partie de ceux des paresseux, et pour la taille il égale les plus grands rhinocéros. Ses ongles devaient être d'une longueur et d'une force monstrueuses : toute sa charpente est d'une solidité excessive.

---

(1) Voyez mes Recherches sur les ossemens fossiles, tom. IV, pag. 206.

(2) *Ibid.*, tom. V, deuxième partie, pag. 517.

(3) *Ibid.*, première partie, pag. 59.

On n'en a déterré encore que dans les couches sableuses de l'Amérique septentrionale (1).

Le *mégalonyx* lui ressemblait beaucoup pour les caractères, mais était un peu moindre ; ses ongles étaient plus longs et plus tranchans. On en a trouvé quelques os et des doigts entiers dans certaines cavernes de la Virginie et dans une île de la côte de la Géorgie (2).

Ces deux énormes édentés n'ont encore donné de leurs restes qu'en Amérique ; mais l'Europe en possédait un qui ne leur cédait point pour la force. On ne le connaît que par une seule phalange onguéale ; mais cette phalange suffit pour nous assurer qu'il était fort semblable à un pangolin, mais à un pangolin de près de vingt-quatre pieds de longueur. Il vivait dans les mêmes cantons que les éléphans, les rhinocéros et les *deinotheriums* ; car on en a trouvé les os avec

---

(1) Voyez mes Recherches sur les ossemens fossiles, tom. v, première partie, pag. 174 ; et deuxième partie, pag. 519.

(2) *Ibid.*, première partie, pag. 160.

les leurs dans une sablonnière du pays de Darmstadt, non loin du Rhin (1).

Les brèches osseuses contiennent aussi, mais très-rarement, des os de carnassiers (2), qui sont beaucoup plus nombreux dans les cavernes, c'est-à-dire dans des cavités plus larges et plus compliquées que les fentes ou filons à brèches osseuses. Le Jura en a surtout de célèbres dans sa partie qui s'étend en Allemagne, où depuis des siècles on en a enlevé et détruit des quantités incroyables, parce qu'on leur attribuait des vertus médicales particulières, et néanmoins il en reste encore de quoi étonner l'imagination ; ce sont principalement des os d'une espèce d'ours très-grande (*ursus spelæus*), caractérisée par un front plus bombé que celui d'aucun de nos ours vivans (3) ; avec ces os se mêlent ceux de deux autres espèces d'ours (*U. arctoidens* et *U.*

---

(1) Voyez mes Recherches sur les ossemens fossiles, tom. v, première partie, pag. 193.

(2) *Ibid.*, tom. IV, pag. 193.

(3) *Ibid.*, p. 351.

priscus) (1) ; ceux d'une hyène (*H. fossilis*) voisine de l'hyène tachetée du Cap, mais différente par quelques détails de ses dents et des formes de sa tête (2) ; ceux de deux tigres ou panthères (3), ceux d'un loup (4), ceux d'un renard (5), ceux d'un glouton (6), ceux de belettes, de genettes et d'autres petits carnassiers (7).

On peut remarquer encore ici cet alliage singulier d'animaux dont les semblables vivent maintenant dans des climats aussi éloignés que le Cap, pays des hyènes tachetées, et la Laponie, pays des gloutons actuels : c'est ainsi que nous avons vu dans une caverne de France un rhinocéros et un renne à côté l'un de l'autre.

---

(1) Voyez mes Recherches sur les ossemens fossiles, tom. IV, pages 356 et 357.

(2) *Ibid.*, pages 392 et 507.

(3) *Ibid.*, pag. 452.

(4) *Ibid.*, pag. 158.

(5) *Ibid.*, pag. 461.

(6) *Ibid.*, pag. 475.

(7) *Ibid.*, pag. 167.

Les ours sont rares dans les couches meubles. On dit cependant en avoir trouvé en Autriche et en Hainaut de la grande espèce des cavernes; et il y en a en Toscane d'une espèce particulière, remarquable par ses canines comprimées (*U. cultridens*) (1). Les hyènes s'y voient plus fréquemment : nous en avons, en France, trouvé avec des os d'éléphant et de rhinocéros. On a découvert depuis peu en Angleterre une caverne qui en recélait des quantités prodigieuses, où il y en avait de tout âge, dont le sol offrait même de leurs excrémens bien reconnaissables. Il paraît qu'elles y ont vécu long-temps, et que ce sont elles qui y ont entraîné les os d'éléphans, de rhinocéros, d'hippopotames, de chevaux, de bœufs, de cerfs, et de divers rongeurs qui y sont avec les leurs, et portent des marques sensibles de la dent des hyènes. Mais que devait être le sol de l'Angleterre lorsque ces énormes

(1) Voyez mes Recherches sur les ossemens fossiles, tom. IV, pag. 378 et 507; et tom. V, deuxième partie, pag. 516.

animaux y servaient de proie à des bêtes féroces? Ces cavernes recèlent aussi des os de tigres, de loups, de renards ; mais ceux d'ours y sont d'une rareté excessive (1).

Quoi qu'il en soit, on voit qu'à l'époque dont nous passons en revue la population animale, la classe des carnassiers était nombreuse et puissante; elle comptait trois ours à canines rondes, un ours à canines comprimées, un grand tigre ou lion, un autre felis de la taille de la panthère, deux hyènes, un loup, un renard, un glouton, une marte ou mouffette, une belette.

La classe des rongeurs, composée en général d'espèces faibles et petites, a été peu remarquée par les collecteurs de fossiles ; et toutefois ses débris, dans les couches et dépôts dont nous parlons, ont aussi offert des espèces inconnues. Telle est surtout une espèce de lagomys des brèches osseuses de Corse et de Sardaigne, un peu semblable au lagomys alpinus des hautes

---

(1) Voyez l'excellent ouvrage de M. Buckland, intitulé *Reliquiæ diluvianæ*.

montagnes de la Sibérie ; tant il est vrai que ce n'est pas, à beaucoup près, toujours dans la zone torride qu'il faut chercher les animaux semblables à ceux de cette avant-dernière époque.

Ce sont là les principaux animaux dont on ait recueilli les restes dans cet amas de terres, de sables et de limons, dans ce *diluvium* qui recouvre partout nos grandes plaines, qui remplit nos cavernes, et qui obstrue les fentes de plusieurs de nos rochers : ils formaient incontestablement la population des continens à l'époque de la grande catastrophe qui a détruit leurs races, et qui a préparé le sol sur lequel subsistent les animaux d'aujourd'hui.

Quelque ressemblance qu'offrent certaines de ces espèces avec celles de nos jours, on ne peut disconvenir que l'ensemble de cette population n'eût un caractère très-différent, et que la plupart des races qui la composaient ne soient anéanties.

Ce qui étonne, c'est que parmi tous ces mammifères, dont la plupart ont aujourd'hui leurs congénères dans les pays chauds, il n'y ait pas eu un seul quadrumane, que l'on n'ait pas recueilli un seul os, une seule dent de singe, ne fût-ce que des os ou des dents de singes d'espèces perdues.

Il n'y a non plus aucun homme ; tous les os de notre espèce que l'on a recueillis avec ceux dont nous venons de parler s'y trouvaient accidentellement (1), et leur nombre est d'ailleurs infiniment petit, ce qui ne serait sûrement pas si les hommes eussent fait alors des établissemens sur les pays qu'habitaient ces animaux.

Où était donc alors le genre humain? Ce dernier et ce plus parfait ouvrage du Créateur exis

(1) Voyez, dans le *Reliquiæ diluvianæ* de M. Buckland, ce qui concerne le squelette d'une femme, trouvé avec des épingles d'os dans la caverne de Pavyland, et dans mes Recherches, tom. IV, pag. 194, ce qui regarde un fragment de mâchoire trouvé avec les brèches osseuses de Nice.

M. de Schlotheim a recueilli des os humains dans des fentes de Kœstritz, où il y a aussi des os de rhinocéros; mais lui-même annonce ses doutes sur l'époque où ils y ont été déposés. Quelques os humains de certaines cavernes du Midi, que j'ai eu l'occasion d'examiner, m'ont paru y avoir été déposés après les os de quadrupèdes inconnus.

tait-il quelque part? Les animaux qui l'accompagnent maintenant sur le globe, et dont il n'y a point de traces parmi ces fossiles, l'entouraient-ils? Les pays où il vivait avec eux ont ils été engloutis lorsque ceux qu'il habite maintenant, et dans lesquels une grande inondation avait pu détruire cette population antérieure, ont été remis à sec? C'est ce que l'étude des fossiles ne nous dit pas, et dans ce discours nous ne devons pas remonter à d'autres sources.

Ce qui est certain, c'est que nous sommes maintenant au moins au milieu d'une quatrième succession d'animaux terrestres, et qu'après l'âge des reptiles, après celui des palæotheriums, après celui des mammouths, des mastodontes et des megatheriums, est venu l'âge où l'espèce humaine, aidée de quelques animaux domestiques, domine et féconde paisiblement la terre, et que ce n'est que dans les terrains formés depuis cette époque, dans les alluvions, dans les tourbières, dans les concrétions récentes que l'on trouve à l'état fossile des os qui appartiennent tous à des animaux connus et aujourd'hui vivans.

Tels sont les squelettes humains de la Guadeloupe, incrustés dans un travertin avec des coquilles terrestres de l'île et des fragmens de coquilles et de madrépores de la mer environnante; les os de bœuf, de cerf, de chevreuil, de castor, communs dans les tourbières, et tous les os d'hommes et d'animaux domestiques enfouis dans les dépôts des rivières, dans les cimetières et sur les anciens champs de bataille.

Aucuns de ces restes n'appartiennent ni au grand dépôt de la dernière catastrophe, ni à ceux des âges précédens.

FIN.

EXPLICATION DES PLANCHES.

L'Éditeur croit utile de donner à la suite de ce Discours la figure de quelques uns des animaux antédiluviens dont les squelettes ont pu être le plus complétement restitués. On les a choisis de manière à donner une idée des diverses formes d'organisation des animaux vertébrés, depuis les reptiles les plus anciens jusqu'aux mammifères les plus voisins des animaux actuels.

PLANCHE I.

Figure 1. Squelette de l'ichthyosaurus communis.
Figure 2. Squelette du plesiosaurus dolichodeirus.

Ces deux figures sont tirées des Mémoires de M. Conybeare. Voyez Recherches sur les ossemens fossiles, t. v, deuxième partie, planche xxxii.

PLANCHE II.

Figure du ptérodactyle à museau allongé (*pterodactylus longirostris*).

Restitution faite d'après la planche 251 des Recherches sur les ossemens fossiles, édit. in-8, 1834; et édit. in-4, tom. v, deuxième partie, pl. xxiii.

PLANCHE III.

Figure 1. Palæotherium magnum.

Figure 2. Anoplotherium commune.

Ces deux squelettes restitués sont copiés de l'ouvrage sur les ossemens fossiles.

PLANCHE IV.

Squelette du megatherium.

Cette figure est prise en grande partie de MM. Pander et d'Alton. On y a ajouté, d'après M. Clift, les vertèbres de la queue et le pubis.

PLANCHE V.

Squelette du cerf à bois gigantesques.

Figure tirée de l'ouvrage sur les ossemens fossiles, et faite d'après une gravure envoyée par le professeur Jameson.

TABLE.

FIN DE LA TABLE.

Pl.

Fig. 1.

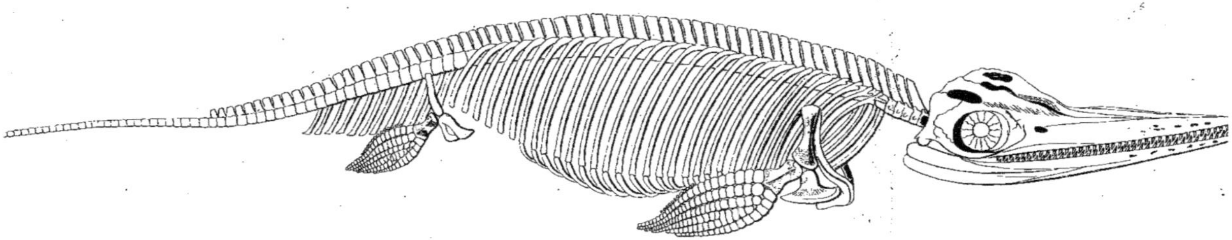

Fig. 2.

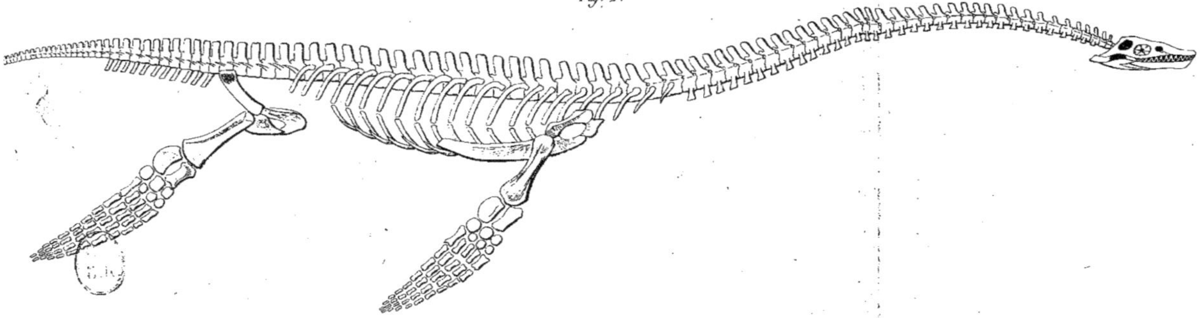

Fig. 1. Squelette d'Ichthyosaurus Communis. *Fig. 2.* Squelette de Plesiosaurus Dolichodeirus.

N. Rémond imp.

Pl. 2

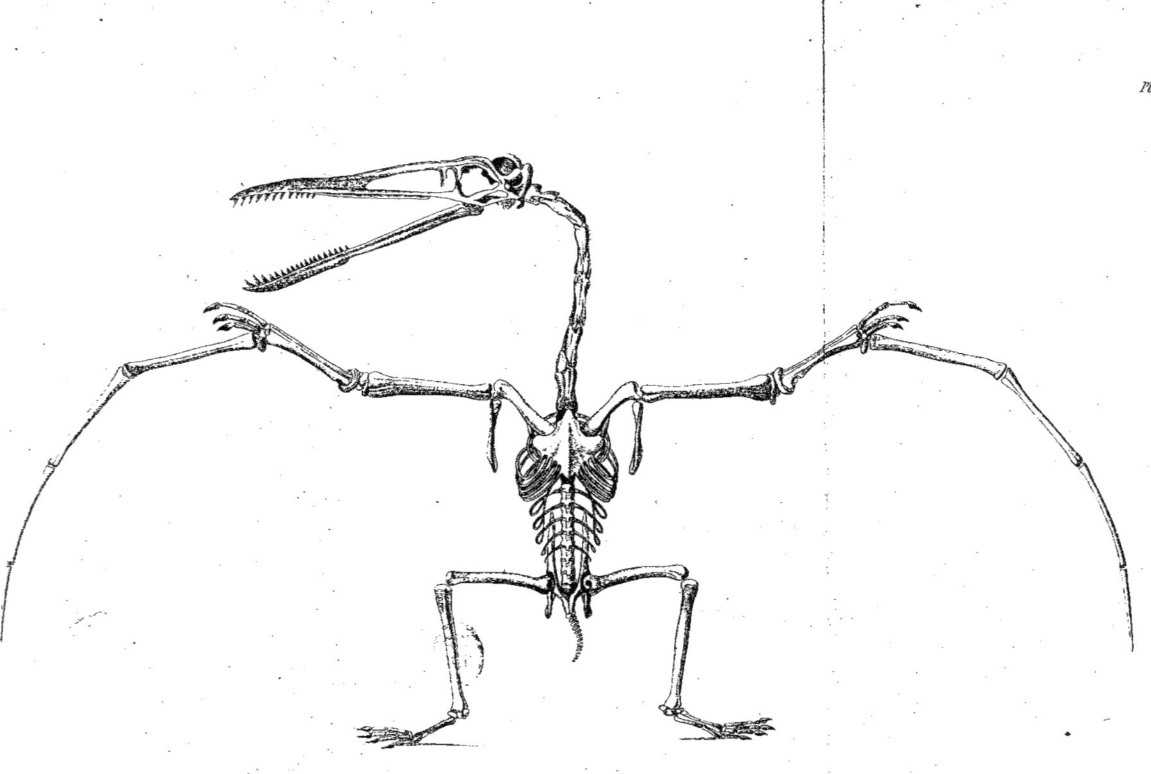

Squelette de Ptérodactyle à museau allongé.

N. Rémond imp.

Pl. 3.

Fig. 1.

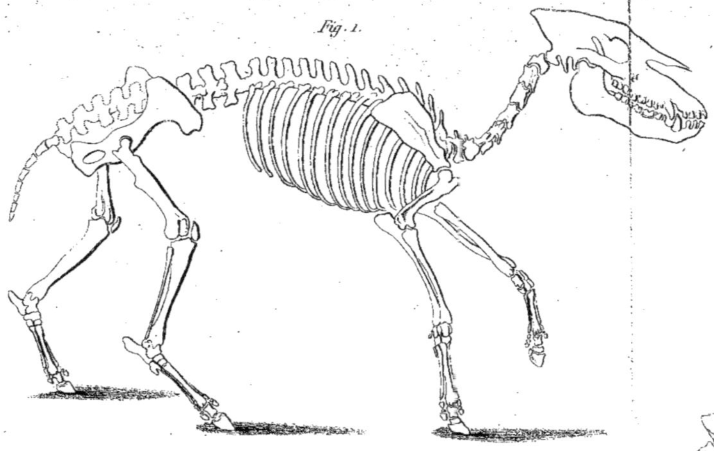

Fig. 2.

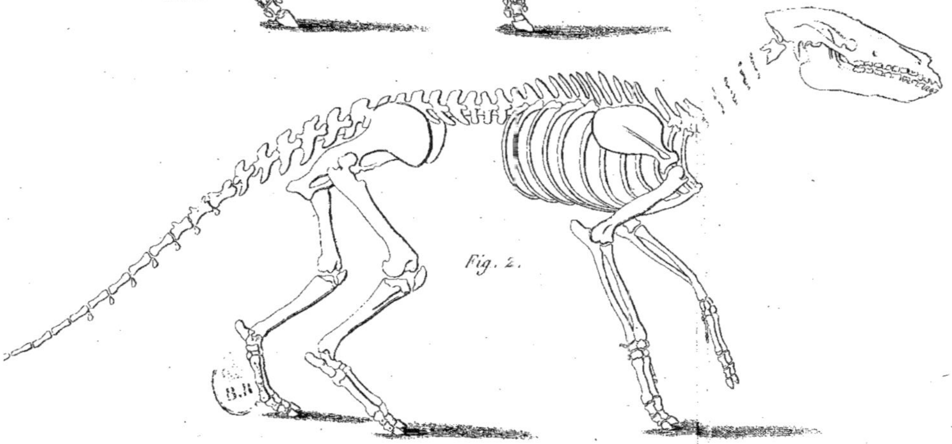

Fig. 1. Palæotherium magnum. *Fig. 2.* Anoplotherium commune.

N. Rémond imp.

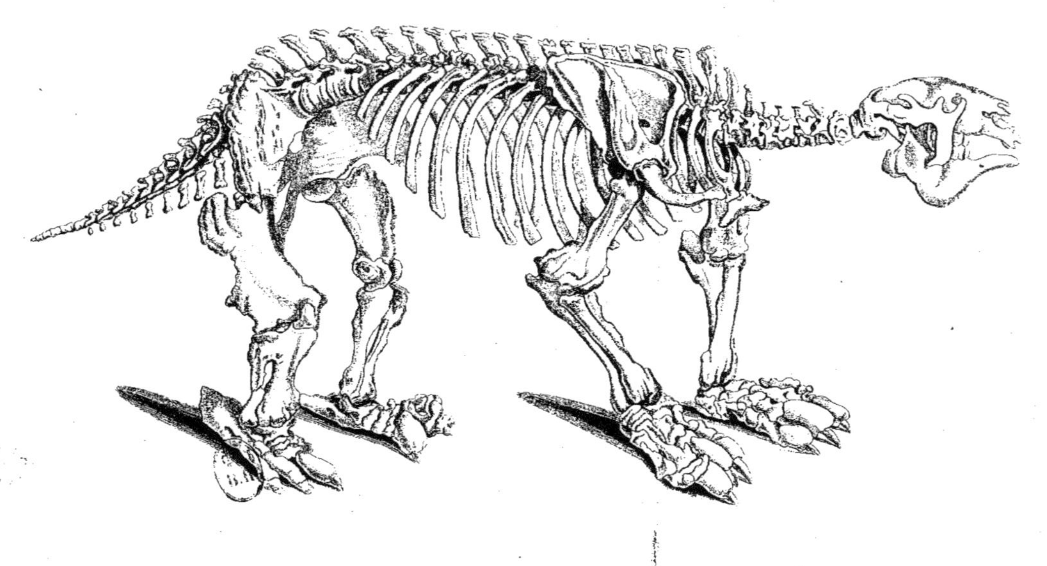

Megatherium.

R. Rémond imp.

Cerf à bois gigantesques.

N. Rémond, imp.

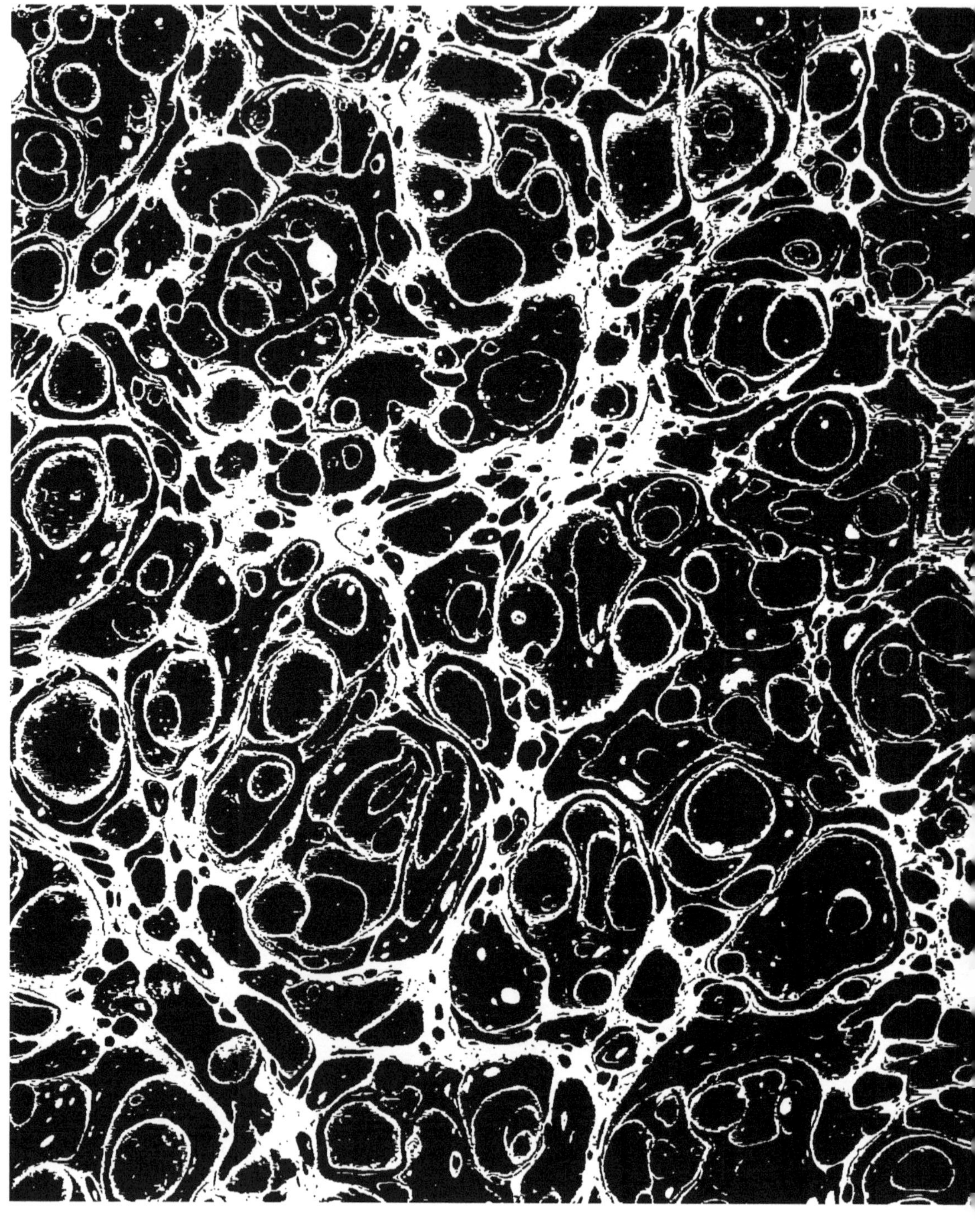

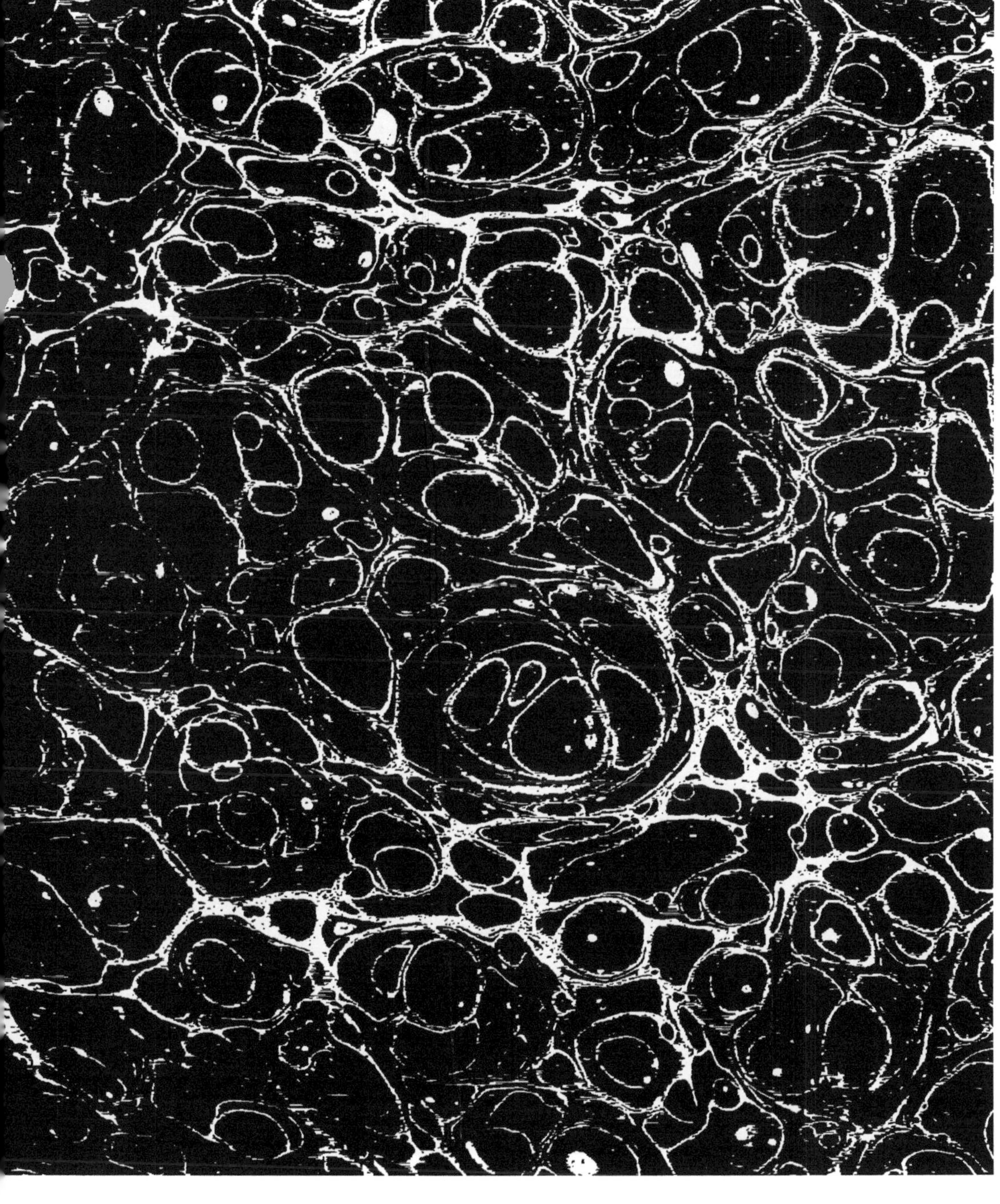